| 设 | 计 | 速 | 递 |

DESIGN CLASSICS

风尚空间——样板专辑

SHOWFLAT SPACE

● 本书编委会 编

中国林业出版社

图书在版编目（CIP）数据

风尚空间：样板专辑 /《风尚空间》编写委员会编写. -- 北京：中国林业出版社，2015.6
（设计速递系列）

ISBN 978-7-5038-8015-5

Ⅰ.①风… Ⅱ.①风… Ⅲ.①住宅－室内装饰设计－图集 Ⅳ.①TU241-64

中国版本图书馆CIP数据核字(2015)第120877号

本书编委会

◎ 编委会成员名单

选题策划：金堂奖出版中心

编写成员：董 君　张 岩　高囡囡　王 超　刘 杰　孙 宇　李一茹
　　　　　姜 琳　赵天一　李成伟　王琳琳　王为伟　李金斤　王明明
　　　　　石 芳　王 博　徐 健　齐 碧　阮秋艳　王 野　刘 洋
　　　　　朱 武　谭慧敏　邓慧英　陈 婧　张文媛　陆 露　何海珍

整体设计：张寒隽

中国林业出版社 · 建筑分社

策　　划：纪 亮

责任编辑：李丝丝　王思源

出版：中国林业出版社
（100009 北京西城区德内大街刘海胡同 7 号）
http://lycb.forestry.gov.cn/
E-mail: cfphz@public.bta.net.cn
电话：（010）8314 3518
发行：中国林业出版社
印刷：北京利丰雅高长城印刷有限公司
版次：2015年8月第1版
印次：2015年8月第1次
开本：230mm×300mm, 1/16
印张：17
字数：100千字
定价：280.00元

鸣谢

因稿件繁多内容多样，书中部分作品无法及时联系到作者，请作者通过出版社与主编联系获取样书，并在此表示感谢。

CONTENTS
目录

Restaurant

CONTENTS
目录

Restaurant

居 然顶层设计中心·梁建国之家
House Of Liang Jianguo

江 西宜春江湖禅语销售中心
Zen Resort & Spa Sales Center

诚 盈 中 心
CCT center

新 竹 青川之上售楼
处·乐章悠扬
The Ki, The River, The Music

上 海 徐 汇 万 科 中 心
Shanghai Xuhui Vanke Center

深 圳花样年幸福万象
C-02 户 型 样 板 房
Shenzhen Fantasia Happy Vientiane
C-02 Model Room Apartment

沐 暮
Twilight

杭 州 美 和 院 样 板 房
Hangzhou And
Courtyard Example Room

时 代云
Times Cloud

杭 州 万 科 郡 西 别 墅
Vanke Junxi Villa

居然顶层设计中心·梁建国之家
HOUSE OF LIANG JIANGUO

项目名称 _ 居然顶层设计中心·梁建国之家 / **主案设计** _ 梁建国 / **项目地点** _ 北京 朝阳区 / **项目面积** _200 平方米 / **投资金额** _220 万元

A 项目定位 Design Proposition
传统与当代、工业与自然的相互融合，在传统的东方文化上创造的家居生活体验。

B 环境风格 Creativity & Aesthetics
用大量的留白来回归自然的纯净观感，体味东方的包容空。

C 空间布局 Space Planning
颠覆传统家居的概念，用步移景异，不拘泥于格式化的布景方式体现整个空间。

D 设计选材 Materials & Cost Effectiveness
当代手法演绎古文明的活字印刷，以画为原型，意化形的铜树，太湖石鱼缸，未经过多雕琢的青石，还原自然本真的味道。传达不断完善自我每个作品都在未完成的状态下进行展示的态度，契合本家具品牌"制造中"的含义。

E 使用效果 Fidelity to Client
中国的国际设计师交流展示平台，注重设计师"生活方式"的方向转变。

制造 ·

制造·

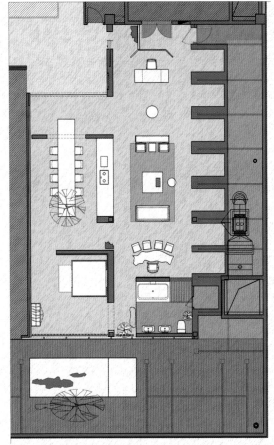

一层平面图

LIANG JIAN GUO'S PROTOTYPE ROOM

梁建国之家

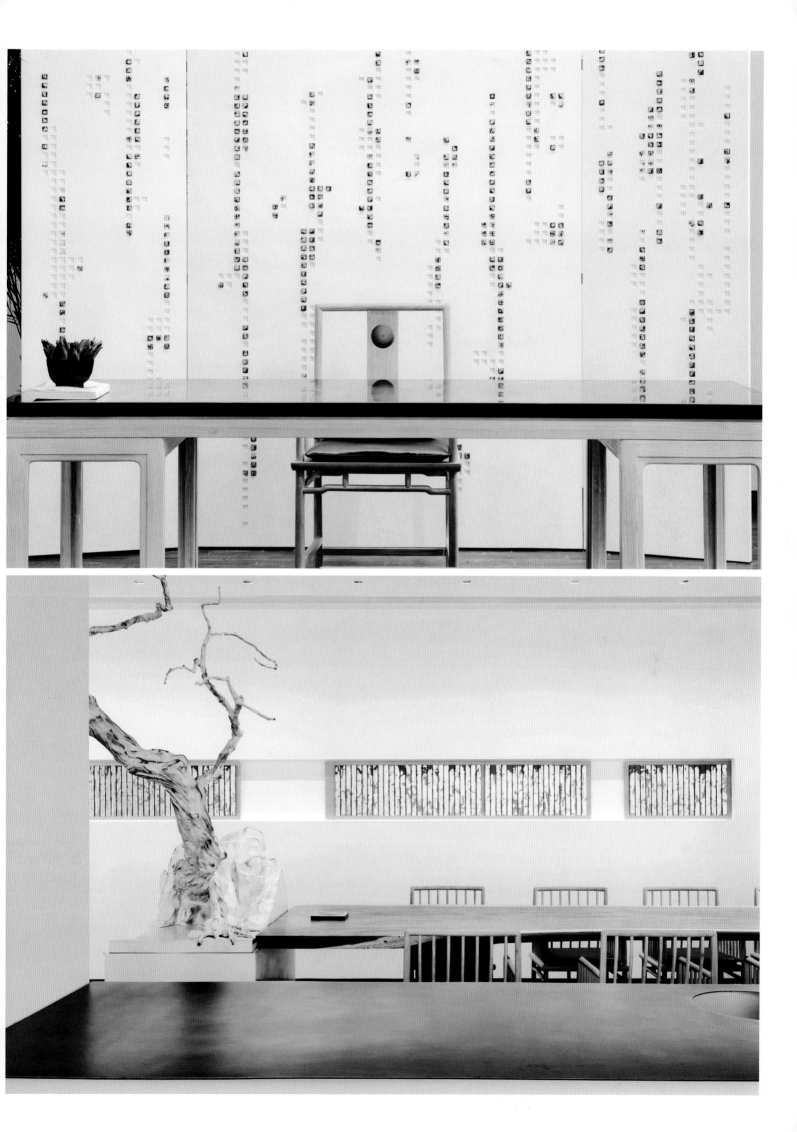

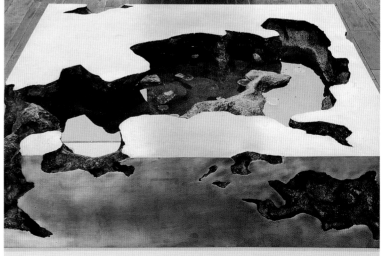

江西宜春江湖禅语销售中心
ZEN RESORT & SPA SALES CENTER

项目名称 _ 江西宜春江湖禅语销售中心 / 主案设计 _ 邱春瑞 / 参与设计 _ 张帆、罗辉、冷蔚、于畅、潘寿炯、袁晓路、薛国钊、胡绮云、易晶 / 项目地点 _ 江西宜春市 / 项目面积 _800 平方米 /
投资金额 _650 万元 / 主要材料 _ 深圳市墨林地毯有限公司，利德利装饰材料有限公司，深圳市圣丽达装饰材料有限公司

A 项目定位 Design Proposition

销售中心隶属于江湖禅意旅游地产开发综合项目，地理位置为向西靠近秀江御景花园住宅区，向东毗邻御景国际会馆，南朝向化成洲湿地公园。从地理位首当其冲的占据了优势，面对的客户群体主要是中高端客户。项目原址是一家经营多年的海鲜酒楼，在其拆迁之后对建筑和室内进行改造。

B 环境风格 Creativity & Aesthetics

在设计风格上，室内外均采用现代融合中式禅风，设计师并没有一味的照搬中式的具象代表符号，而是用格栅来阐述中式意味。竹，乃"四君子"之一，彰显气节，虽不粗壮，但却正直，坚韧挺拔；不惧严寒酷暑，万古长青。通过把竹意向成格栅，同样让这些境界呼之欲出。

C 空间布局 Space Planning

借鉴中式传统庭院布局，设计师让室内空间后退将近 10 米，预留出半开放式的水景区域，这样的布局，既能很好的过度室内外景观，同时也能增加建筑设计的体量感。室内空间划分为主要的三个功能区域：接待区、洽谈区和展示厅，通过意向的通透式的人造隔断墙，使这三个空间若即若离，同时也正好迎合了中式园林中的借景原理。

D 设计选材 Materials & Cost Effectiveness

在保持原有建筑的前提下，考虑到成本和工期的原因，设计师尽可能采用施工便捷的材料。如建筑外立面采用钢结构，室内的木质隔断墙，有毒气体挥发较快的木饰面等。

E 使用效果 Fidelity to Client

反响很大。

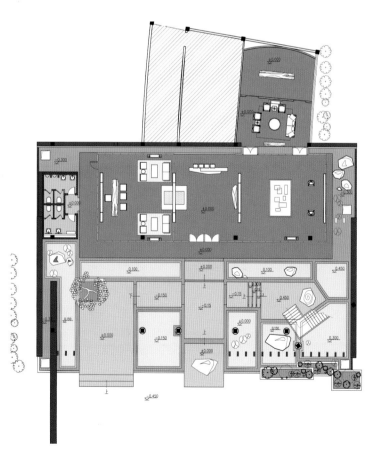

一层平面图

014 样板房售楼处 *The model of the housing sales offices*

诚盈中心
CCT CENTER

项目名称 _ 诚盈中心 / **主案设计** _ 罗劲 / **参与设计** _ 张晓亮、高山 / **项目地点** _ 北京市 / **项目面积** _ 1036 平方米 / **投资金额** _ 1000 万元 / **主要材料** _ 镂空铝板、彩砂地坪、定制家具、定制灯具

A 项目定位 Design Proposition

诚盈中心是集售楼和办公为一体的综合类项目。我们提供了从建筑到室内的整体设计服务。用地是一个等腰直角三角形，建筑在沿主干道退红线后完整地反映了这一地段特征。

B 环境风格 Creativity & Aesthetics

办公售楼中心由两层组成，一层为销售展示区及洽谈会议区，二层为内部办公区。建筑主体采用体块削切、虚 实对比的造型手法，其外观如一条不规则的连续框筒沿三角形路径立体交错、搭建连接在一起，并通过首层玻璃幕墙及两个锐角的悬挑削切，配以贴近底部的浅水景 观处理，呈现了强烈的悬浮感，给人带来鲜明突出的视觉冲击力。

C 空间布局 Space Planning

我们将建筑造型语言延伸到了室内空间。进入室内，首层为一处开敞挑高的接待大厅，自然光透过顶部天窗引 入室内，使得建筑内外相融，渲染了洁白素净的室内空间氛围。视线尽端的三角形建筑形体连同铁锈色挂板皮肤通过天窗直接穿入室内，由一处轻盈的连桥同二层主 体连接起来。我们通过对首层空间的合理分割，在大厅内部分别设置了展示区、开放洽谈区、VIP 洽谈区和签约室等，形成了各具特点的不同功能区域。从室内向外看，窗外的景观被镂空挂板重构成了新颖多变的取景框，也形成了新的半透的肌理屏风，给室内带来了丰富的视觉体验。二层空间主要设置为内部办公区和会议 区，开放办公区通透敞亮，三角形会议室独具良好的景观视野，透过双皮幕墙的采光形成了丰富的室内光感效果。

D 设计选材 Materials & Cost Effectiveness

建筑采用了双层皮幕墙系统，内侧为玻璃幕墙，外侧为铁锈色立体镂空铝单挂板。我们根据镂空图形的大小设 计了三种规格模数，每一个镂空图形单元均有一边向外折出，形成了强烈的立体观感。这种虚实相间的双皮幕墙不仅带来了鲜明的外观特征，而且将直射的阳光过 滤，创造形成了斑驳变化的室内光影效果。

E 使用效果 Fidelity to Client

整个建筑外形独特，极具视觉冲击力，内部简洁明亮，光影斑驳，给办公人员及客户极佳的观感，对销售功能起到了促进作用。

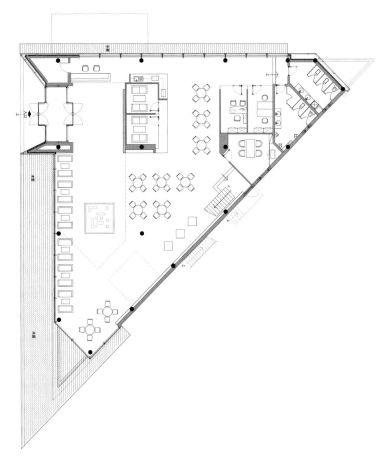

一层平面图

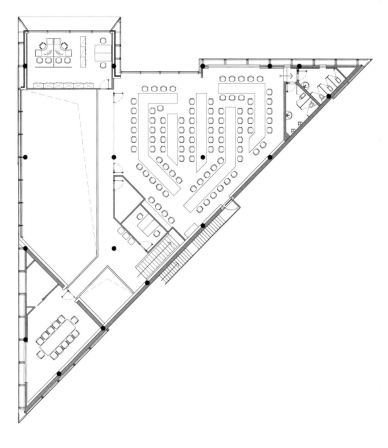

二层平面图

新竹青川之上售楼处·
乐章悠扬
THE KI. THE RIVER. THE MUSIC

项目名称 _ 新竹青川之上售楼处·乐章悠扬 / **主案设计** _ 张清平 / **参与设计** _ 潘瑞琦、洪宏松 / **项目地点** _ 台湾新竹县 / **项目面积** _990 平方米 / **投资金额** _410 万元

A 项目定位 Design Proposition

将音乐的旋律融入到空间的创作中；以光影为前导，代替乐谱；动线转折与空间过渡是旋转的韵律；材质界面的整体协调就如弦乐。

B 环境风格 Creativity & Aesthetics

门厅入口在细部做了三叠式展翼设计，背隐灯光，强化了建筑立面的层次感。

C 空间布局 Space Planning

层层放射的半椭圆形，座落在如镜面一般地面，像太阳从水平面升起，有如融入自然景观水、影间，创造一个具有气场循环的概念。

D 设计选材 Materials & Cost Effectiveness

建材即是空间感对人的直接体感。象是顽固的五线谱，对人们影响是直接、利落，丝毫不隐匿优与劣。建材如同因音符在空间的旋律，甚么样的风格节奏，藉由设计师对建材的思维，让建材有了生命。

E 使用效果 Fidelity to Client

非常好。

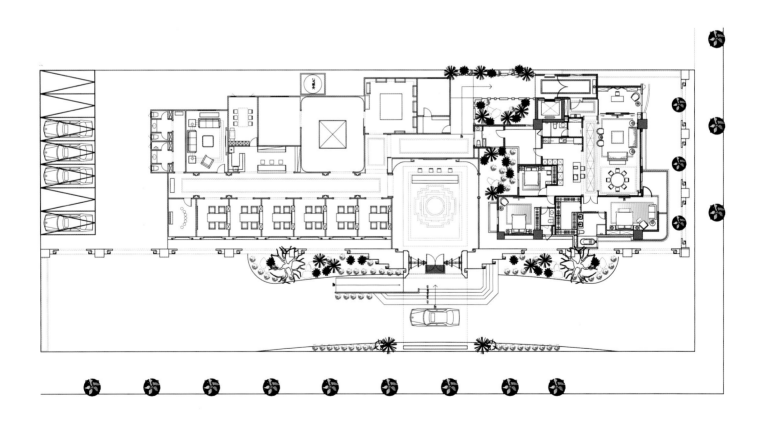

一层平面图

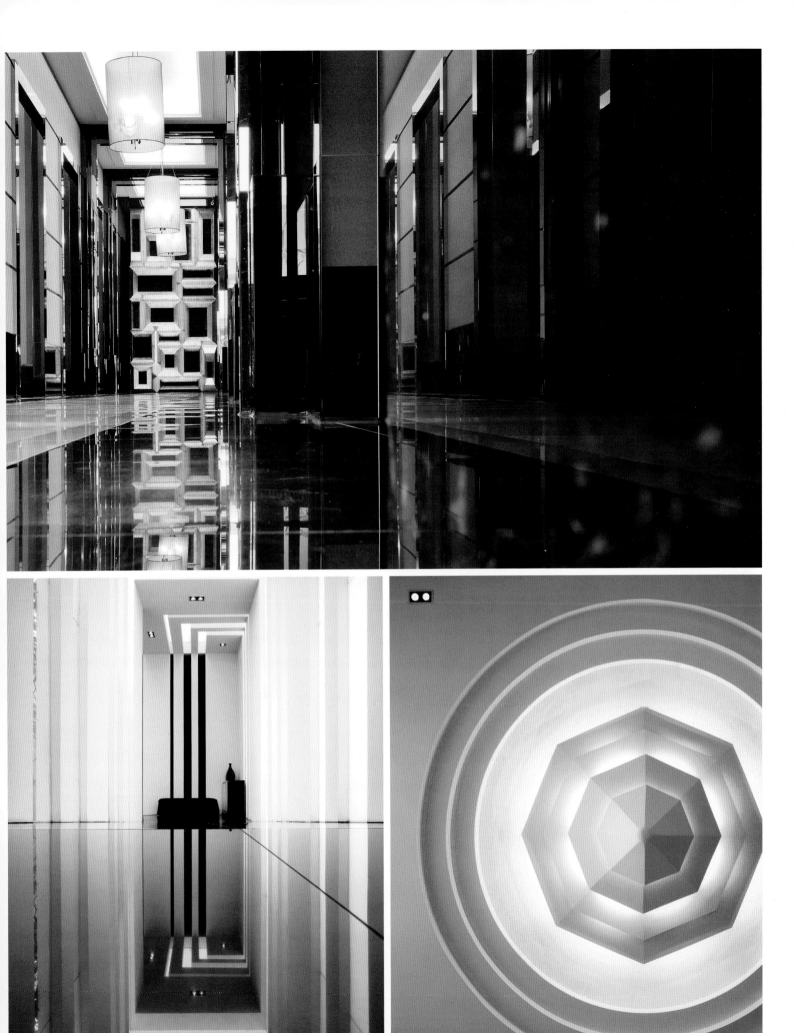

上海徐汇万科中心
SHANGHAI XUHUI VANKE CENTER

项目名称 _ 上海徐汇万科中心 / 主案设计 _ 颜呈勋 / 项目地点 _ 上海 徐汇区 / 项目面积 _450 平方米 / 投资金额 _270 万元

A 项目定位 Design Proposition
设计伊始，我们将本案风格定位为一个现代简约的售楼空间。

B 环境风格 Creativity & Aesthetics
重点突出模型区域，并充分利用现有层高，打破传统模型台给你留下的刻板印象，转而采用地面抬高形式，在该区域，将区域模型与地块模型并和，突出地块模型。

C 空间布局 Space Planning
在空间造型上，天花，墙面，地坪均以流畅的线条凸显空间的时尚感，最终为大家呈现一个简约而时尚的销售空间。

D 设计选材 Materials & Cost Effectiveness
白色石材，透光膜等材质，强化空间这一简约现代的特质。

E 使用效果 Fidelity to Client
售楼处满足了基本功能同时兼顾了艺术效果，提高业主和购房者的关注度。

深圳花样年幸福万象
C-02 户型样板房
SHENZHEN FANTASIA HAPPY VIENTIANE
C-02 MODEL ROOM APARTMENT

项目名称 _深圳花样年幸福万象 C-02 户型样板房 / **主案设计** _ 韩松 / **项目地点** _ 深圳市 / **项目面积** _78 平方米 / **投资金额** _28 万元 / **主要材料** _ 木地板、墙纸、灰镜、不锈钢

A **项目定位** Design Proposition
深圳的生活
有太多的现实，
有太多的残酷，
有太多无休止的奔跑、追逐
有太多的欲望魔鬼……

B **环境风格** Creativity & Aesthetics
我们也许
无法选择财富，
无法选择成功，
也许无法选择喧嚣与否……
但是
我们可以选择自由，
选择随心而动的生活……

C **空间布局** Space Planning
在建筑空间的设计上，城市组通过科学的手段实现一个人与人、人与建筑互动的空间媒介。

D **设计选材** Materials & Cost Effectiveness
新颖。

E **使用效果** Fidelity to Client
很好。

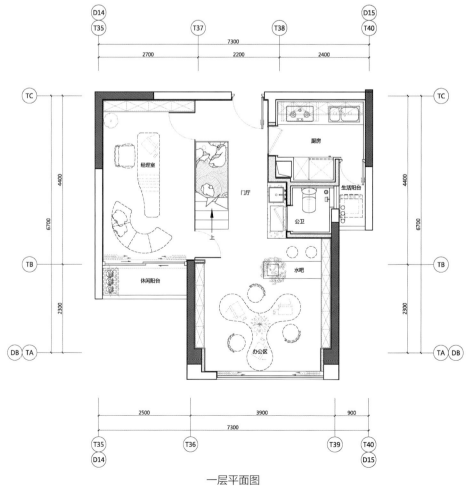

一层平面图

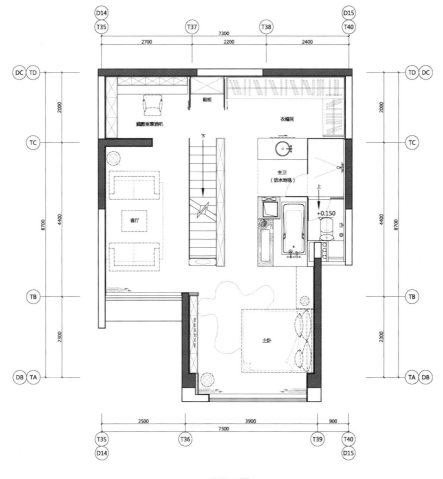

二层平面图

沐暮
TWILIGHT

项目名称 _ 沐暮 / 主案设计 _ 唐忠汉 / 项目地点 _ 台湾高雄 / 项目面积 _ 99 平方米 / 投资金额 _ 300 万元 / 主要材料 _ 石材、壁布、玻璃、铁件、钢刷木皮、木地板、波龙地毯

A 项目定位 Design Proposition

沐浴夕阳暮色，和煦清风吹拂。刻意将各领域的界定打开，让视觉穿透，使光影交错，每一个空间，都成为另一个空间的端景。利用利落的线条分割，架构空间的虚实关系，导入温润质朴的媒材，创造出人文的本质语汇。

B 环境风格 Creativity & Aesthetics

生活领域交叠出空间的核心位置，以客厅为家的中心，延展至其他区域，使其和每个空间环节都密不可分，汇集生活的情感。

C 空间布局 Space Planning

书房——容器。将地坪转折至壁面，用隐喻手法创造空间的场域性，壁面嵌入交错的层架，象是承载着生活故事的容器。餐厅——错序。在错置编排之下，格栅产生律动，形成一面主题墙面，高低垂吊的吊灯搭配多向性餐桌，隐约的界定出餐厅位置，界定空间，却又模糊界线。

D 设计选材 Materials & Cost Effectiveness

新颖。

E 使用效果 Fidelity to Client

非常满意。

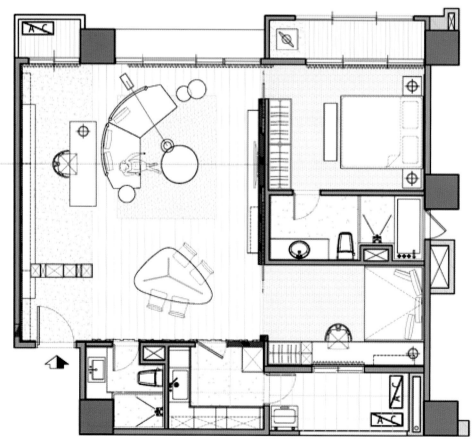

一层平面图

杭州美和院样板房
HANGZHOU AND COURTYARD
EXAMPLE ROOM

项目名称 _ 杭州美和院样板房 / 主案设计 _ 许亦多 / 参与设计 _ 叶磊、徐开、余腾 / 项目地点 _ 浙江省杭州市 / 项目面积 _ 370 平方米 / 投资金额 _ 200 万元

A 项目定位 Design Proposition
本案与中国美术学院为邻，周边艺术人群众多。更多的从艺术家对生活和空间的理解的角度去营造空间氛围。

B 环境风格 Creativity & Aesthetics
以白色系和原木色系为主调，包容性强。

C 空间布局 Space Planning
餐厅部分的局部增加钢结构楼板，加上同一位置一楼的楼板开洞，使客厅餐厅地下室三个空间相互贯通，丰富了原本空间构造上层次。

D 设计选材 Materials & Cost Effectiveness
选材简单朴实，大量的乳胶漆，木纹砖和老榆木实木营造一个轻松的环境。

E 使用效果 Fidelity to Client
深受周边艺术人群的喜爱。

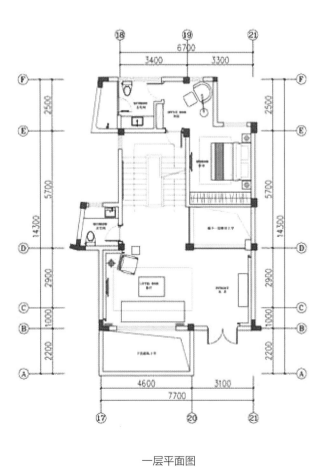

一层平面图

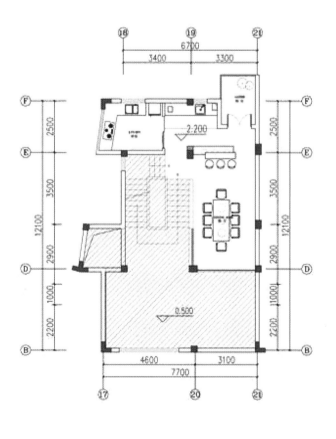

二层平面图

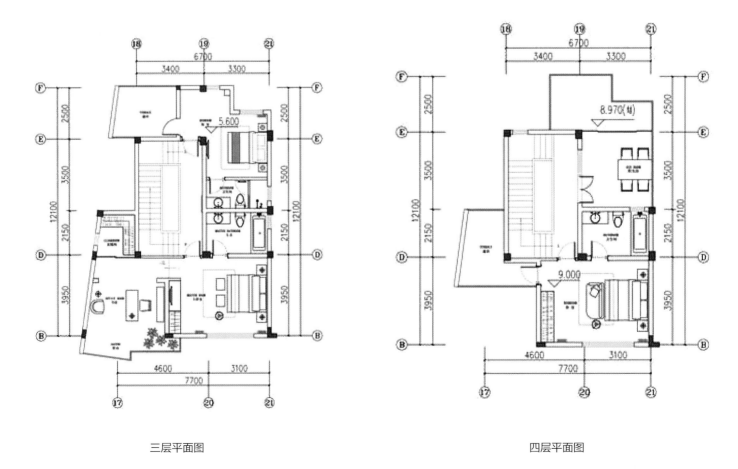

三层平面图

四层平面图

时代云
TIMES CLOUD

项目名称 _ 时代云 / 主案设计 _ 余霖 / 项目地点 _ 广东省珠海市 / 项目面积 _1780 平方米 / 投资金额 _1500 万元 / 主要材料 _ 白栓拼纹板、黑麻石材机理面、仿岩肌理漆

A 项目定位 Design Proposition
如果有机会仰望大地，你会知道这世界的美好在于：可能性。

B 环境风格 Creativity & Aesthetics
一个公共空间的作用是什么？思考很久后的结论是：公共空间除了能够完整承载公众行为和梳理公众秩序(功能流线)外，更大的价值在于从感性上给予受众一些想象力与思考的可能性.因此，公共空间是一种明确的声音，它告诉你或者奇异，或者美好，或者性感，或者震撼，或者平静.缺少这种声音的公共空间是失败的。在此项目中，我们试图传递的声音是情绪化的：如果一个商业空间无法提醒人们可能性的重要。

C 空间布局 Space Planning
这里是时代地产销售会所，在全球地价最昂贵的国家之一中国，销售着在珠海这片投资热土上他们建造的房子，每天有无数的人在这里，急切地，紧凑的购买他们未来的生活.作为地产产业链的另外一端——设计方，我们希望他们真正懂得只有在自由中才能获得真正的美感。

D 设计选材 Materials & Cost Effectiveness
所以，我们需要一个用朴素的木材，沙石，简单的工艺，阵列式的机理和构成，传递出一个关于"美"的"可能性"。这也是在整个项目当中所贯穿的技术。一切，回归自然主义的隐喻。

E 使用效果 Fidelity to Client
请带着情绪和想象去看待它，和你的生活。

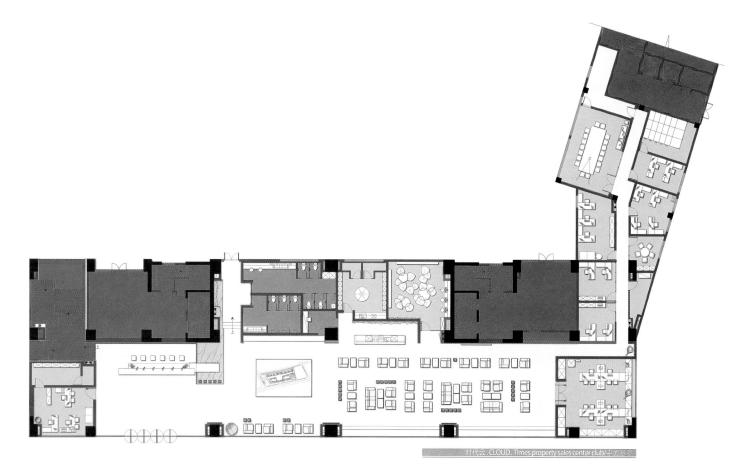

时代云．CLOUD．Times property sales center club/平面示意

一层平面图

杭州万科郡西别墅
VANKE JUNXI VILLA

项目名称 _ 杭州万科郡西别墅 / 主案设计 _ 葛亚曦 / 参与设计 _ 葛亚曦、彭倩、蒋文蔚 / 项目地点 _ 浙江省杭州市 / 项目面积 _ 640 平方米 / 投资金额 _ 352 万元 / 主要材料 _ 高级定制

A 项目定位 Design Proposition

郡西别墅，居万科良渚文化村原生山林与城市繁华怀抱内，背山抱水，拢风聚势，是万科风格精工别墅的巅峰作品。设计独具匠心，以返璞归真的居住品位将财富阶层的信仰与文化内涵，以及当地最具代表的玉石文化相结合，通过现代手法重新演绎当代艺术精髓，提炼出居住空间的完美交融气质。

B 环境风格 Creativity & Aesthetics

泛东方文化的传统元素为该居所塑造了富有艺术底蕴的尊荣姿态。设计萃取杭州当地西湖龙井的清汤亮叶与桂花的清可绝尘等自然传统文化精髓，辅以罐、钵、瓶、水墨画等东方文化中式元素，回归内在的价值观与文化诉求的同时自然将中式力量呈现。融合并济的多元创新手法，碰撞出了崭新的装饰风格，给人以低调、内敛的艺术品位。

C 空间布局 Space Planning

空间共分为三层。一层门厅以深咖色和米色为主，稳定、质感、暗藏奢华，仪式感油然而生。加上铁艺吊灯，精致瓷器及拉升空间的花艺，增显气场。客厅为满足主人社交的公共空间，质感奢华的绿色和灰色沙发、中式地毯、奢华的摆件和点缀其间的精致花艺，严谨和骄傲的背后，透露着仪式和稀缺感的力量。沙发背后的竖式水墨画，意境清新淡远，给此空间平添了文化历史感。二层为私密的卧室空间，其中主卧以内敛的灰色和墨绿为主色调，墨色花纹壁纸、整齐的画框墙面，简约洗练的边柜，细节所到之处无不体现主人的艺术品位，烘托出空间的品质感。主卧衣帽间在黑色调的基础上加入灰色和金色点缀，呈现出主人的精致与品位。负一层门厅是整座居所的风格浓缩，藏蓝色中式案几、橙黄色现代风格油画、橙色将军罐、精致的花艺、中国传统的石狮和现代镂空铁艺塔在同一空间融合共生。多功能厅以柔软质感的布艺沙发，线条简约的大理石茶几，兼具东方的静谧安逸和简约利落的现代风。

D 设计选材 Materials & Cost Effectiveness

材质的选择则摒弃了常用的低反光、粗朴质感的材料，而使用较为细腻、缜密的木及金属等等，空间的整体气质显得更为精致与高贵。

E 使用效果 Fidelity to Client

以当地传统元素诠释的郡西别墅，在原空间基础上布置、细化与整合，借以行云流水的空间动线形成配合空间的布局。

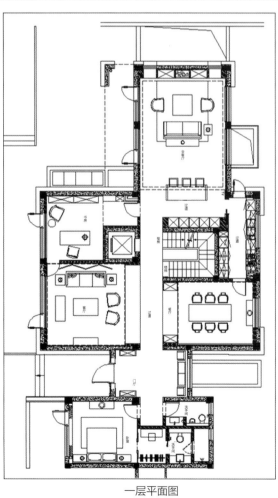

一层平面图

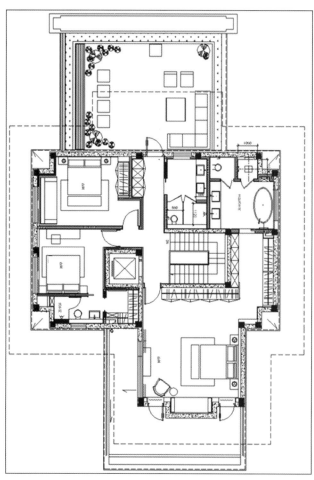

二层平面图

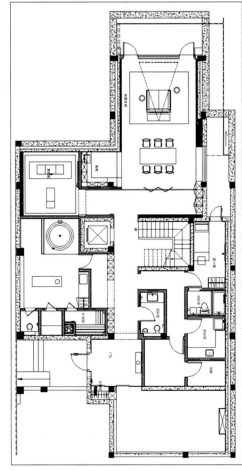

地下一层平面图

三亚保利凤凰公馆销售中心
POLY SANYA PHOENIX MANSION SALES CENTER

项目名称_三亚保利凤凰公馆销售中心 / **主案设计**_陈正茂 / **项目地点**_海南省三亚市 / **项目面积**_175 平方米 / **投资金额**_500 万元 / **主要材料**_达明墙纸、科勒洁具、西顿照明

A 项目定位 Design Proposition

设计背景：本项目位于海南三亚市，作为保利地产在海南的开篇力作，此次产品设计聚集各方精英，倾力塑造保利进入三亚的形象标杆。为配合三亚湾，设计定位为自然风现代风格的方向，创造一个视野开阔，采光及景观极佳的环境，最大限度地将空间延伸到玻璃窗边，入口接待区地面大面积采用了仿古木地板拉丝面的处理，石材自然面的接待台，并一直从入口延伸至模型区的艺术吊灯，引人入胜，令天花与地面大自然环境的呼应，在进入窗边的洽谈区，通透屏风的使用，使空间有分有合，形成开放和半开放的空间组合形式，空间的节奏在平面布局及材质的变化中在灯光影托下得到了充分的表现，利用了三亚的自然环境和建筑完美的融合在一起的设计手法得到充分的表现。

B 环境风格 Creativity & Aesthetics

售楼处面积不大，但是景观十分好，我们尽量把外景透过巨大的落地玻璃将景色引进室内，达到借景让室内外形成统一的现代南亚风格。

C 空间布局 Space Planning

布局上因为面积不大，多以我们想让空间尽量开放来做运用屏风的半围合及隔断来营造空间节奏，让其在功能分区得到一个比较丰富的空间感受。

D 设计选材 Materials & Cost Effectiveness

选用贴近自然地麻质、布面、哑光木饰面及原石面处理的石材，都是很自然的材料局部点缀金属让其在材质上有很好的碰撞点，让人眼前一亮。

E 使用效果 Fidelity to Client

得到客户、业主及同行的一致好评。

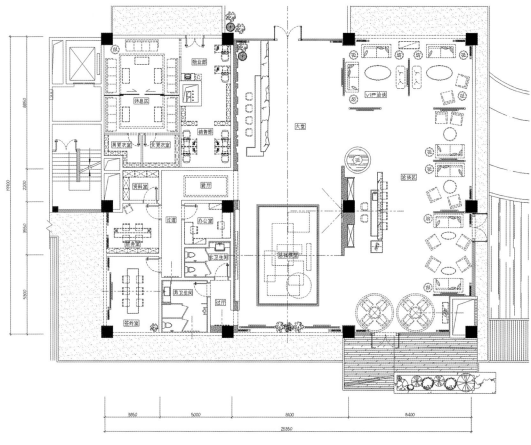

一层平面图

瑞居·绿岛
RUI JU. GREEN ISLAND

项目名称 _ 瑞居·绿岛 / **主案设计** _ 赵学强 / **参与设计** _ 李涛 / **项目地点** _ 四川省成都市 / **项目面积** _1117 平方米 / **投资金额** _1100 万元 / **主要材料** _grc 材料、本杰明乳胶漆、马斯登水晶灯

A 项目定位 Design Proposition

项目位于大成都唯一真正岛屿上（毗河上游）。作为房地产开发项目，首先要肩负完善城市配套和前期产品展示的功能，发挥销售过程中对房价的拉升作用。同时设计必须延展到售楼之后的使命，使得项目能够成为引领城市生活的榜样，加大空间的利用深度。

B 环境风格 Creativity & Aesthetics

项目建筑和室内都由本公司独立完成，没有室内外之分。风格创作上以 Art Deco 为基础，以更加简练、现代的手法，对单一的拱形进行变异、重叠、交错，创造一个兼具传统风格和时代性的独特空间。引入多媒体影像科技，把目标客群对岛屿和欧式建筑的想象展示出来。空间里的水、光影、城堡等元素相衬相融，营造浪漫不失严谨、圣洁不失趣味的岛居生活意境。

C 空间布局 Space Planning

提取欧式建筑的核心元素，由拱开始由拱结束。秉持少即是多的核心理念，用椭圆线条完成空间所有设计，包括家具、图形、造型等等。空间组织上，利用线性柱体序列的节奏关系，达到一步一景的视觉效果。充分挖掘空间层高及环境优势，将天花、地面和墙柱浑然一体设计，同时利用空间在水面上的镜像关系，给人耳目一新的视觉冲击。

D 设计选材 Materials & Cost Effectiveness

利用 grc 材料能够做到夸张的有机造型这一特点，充分表达建筑的尺度美和造型美；大面积使用白色乳胶漆，和金箔巧妙搭配，塑造品质感同时降低造价，满足客户对成本控制和资金分配的期望及要求。辅以水晶灯的点缀、有机玻璃的应用、悬挂式玻璃幕墙驳接技术……全新的材料和手法打造一个创新的 Art Deco 空间。

E 使用效果 Fidelity to Client

通过近一年时间的运营，甲方及其销售公司一致认为项目设计对产品的价格提升起到了积极作用，同时对传统和现代之间的艺术碰撞的探索和实践，在业界引起了强烈反响。

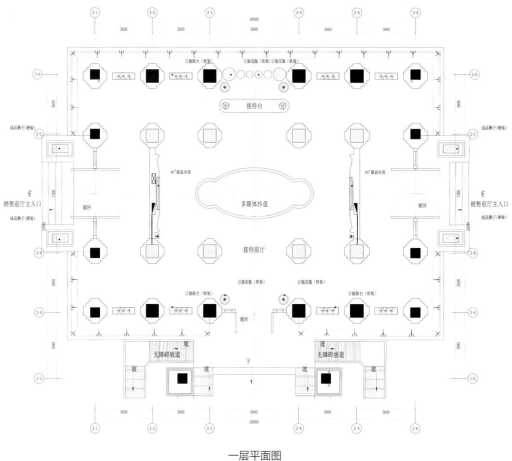

一层平面图

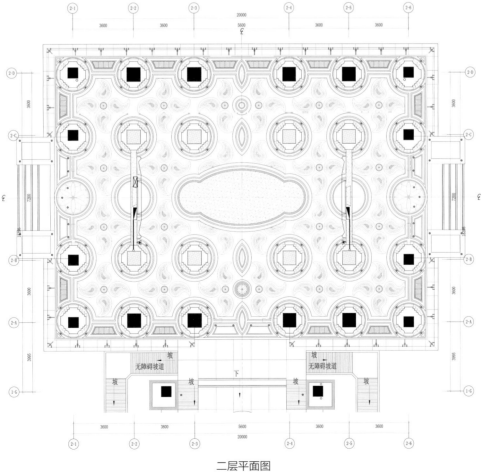

二层平面图

常州中海锦龙湾售楼处
CHANGZHOU SALES OFFICE

项目名称 _ 常州中海锦龙湾售楼处 / 主案设计 _ 桂峥嵘 / 参与设计 _ Grace 丁露峰 / 项目地点 _ 江苏省常州市 / 项目面积 _ 460 平方米 / 投资金额 _ 700 万元 / 主要材料 _ 天一美加、联诺照面

A 项目定位 Design Proposition
这个项目是利用五栋联排别墅的建筑修改成临时售楼处，所以各个空间相对于售楼处的空间要求要小很多，所以为延伸空间而考虑了镜面的应用。

B 环境风格 Creativity & Aesthetics
中海锦龙湾与中华恐龙园隔河相望，将恐龙园的自然与风情纳入生活，入则宁静，出则繁华，于都市之间实现自然之境。

C 空间布局 Space Planning
我们在平面图布置以及概念的时候就决定将一层所有墙体打开做，所有剪力柱做成通高的门套，一个个门套看似分割空间，然而通过天花地坪的统一实则使各个空间连贯，借鉴了 Art Deco 的建筑元素，以及融入了孔雀尾的图案在整个空间内。

D 设计选材 Materials & Cost Effectiveness
用黑色石材与深木色来压住大面积的米色白色材料。点缀草绿色与柠檬黄的搭配使空间更活泼。灯光与门套结合的运用是本方案成功的地方。大面积 Art Deco 风格的油画，提升空间的艺术气质。

E 使用效果 Fidelity to Client
售楼处作为顾客与楼盘对话的第一道关口，它的形象设计，环境布局直接影响着顾客的情绪。好的楼盘会说话，好的售楼处同样也会招引顾客，售楼处作为最容易激发顾客购买欲望的地方，他将统领整个楼盘，缩微着整个楼盘。

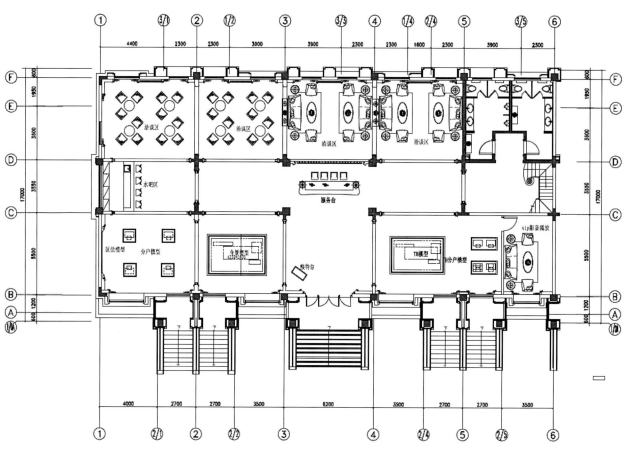

一层平面图

西情东韵
WUXI LAKE VILLA SHOW ROOM

项目名称 _西情东韵 / 主案设计 _杜柏均 / 参与设计 _王稚云 / 项目地点 _江苏省无锡市 / 项目面积 _600 平方米 / 投资金额 _540 万元 / 主要材料 _德国当代龙头加德尼亚磁砖

A 项目定位 Design Proposition
此项目位于无锡太湖边，紧邻湖畔能够直接在露台直接挑望太湖美景。

B 环境风格 Creativity & Aesthetics
此户型展现的是静、雅、秀、逸的和谐韵味，以白色及蓝色为基调，节制而内敛。艺术品的选择及文化哲学的高超运用皆体现了点、线、面严谨的对比呼应。欧洲家具的布置，演绎了设计师对神秘而典雅东方风情执着的认知，以中西结合的设计理念成就了复古的整体风格和大气、兼容并蓄的表达，可谓是西情东韵，展现古风新律。

C 空间布局 Space Planning
此项目有一个再整栋别墅中心位置的天井，我们为此天井打造一个欧式廊道的概念，从地下一层能够直接采光挑望最顶部，整体空间环绕着天井，一楼的客厅，餐厅及起居室都能够开门走出天井，让整体空间具有多面采光，同时在二层的布局，让每个房间都带有独立卫生间，形成三大套房及一个读书起居室，三楼则全是主人的独立空间，具备更衣室，起居室，及独立戴维浴，地下室设有车库大堂，让整体空间形成双大堂的概念，让主人无论是从一层大厅入户，或是地下车库入户都倍受尊宠，地下室为娱乐空间，设有钢琴，棋牌室，影音室，酒吧，另外还有保母房，洗衣房的空间，主人及佣人的生活动更人性化，不互相干扰。

D 设计选材 Materials & Cost Effectiveness
此项目以青花的元素为主题，大面积的混水漆户墙板欧式线条，搭配体现青花元素的马赛克及墙纸，及素雅的石材拼花，展现中西合并搭配。

E 使用效果 Fidelity to Client
此项目在整体楼盘还没开盘就已卖出，此设计手法及搭配广受大众喜爱及接受。

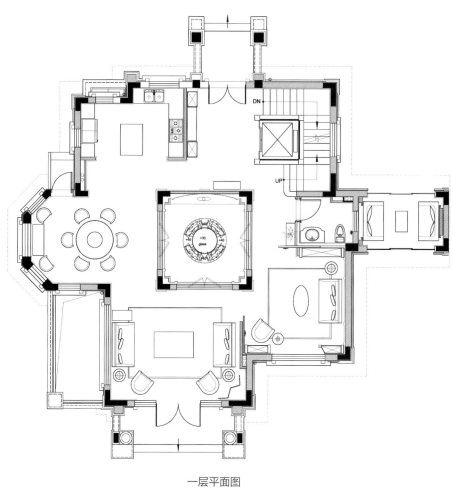

一层平面图

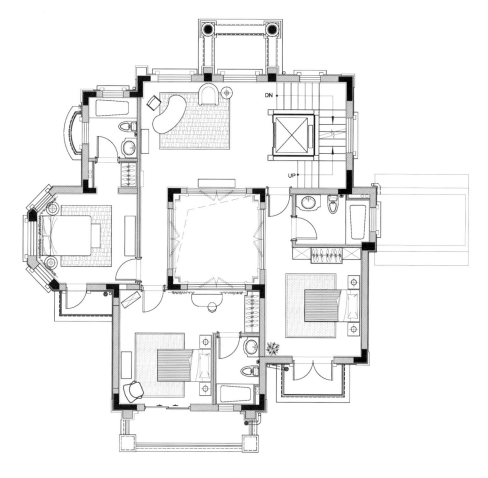

二层平面图

济南建邦原香溪谷二期 C12
JINAN JIANBANG YUANXIANGXIGU

项目名称_济南建邦原香溪谷二期C12号楼上跃户型样板间 / **主案设计**_岳蒙 / **参与设计**_霍远征、于颖、王迎、何景 / **项目地点**_山东省济南市 / **项目面积**_230平方米 / **投资金额**_130万元 / **主要材料**_科勒卫浴、木地板

A **项目定位** Design Proposition
根据此户型及面积，定位于低调但富有品质感。以有特点的软装装饰取胜。

B **环境风格** Creativity & Aesthetics
此物业所在地远离城市喧嚣，色彩上采用啡色与白色相结合，使得空间通透灵动又不失稳重。软装装饰与室外环境相互呼应，和谐统一。

C **空间布局** Space Planning
玄关处的"四个胖子"装饰画活泼有趣，打破空间的沉闷呆板。以钢化玻璃做楼梯扶手，增加空间通透感。上层卧室隔断采用斜度45°角的木质板材做隔断，使得从上向下可见，但从下向上不可见，保证了空间的通透性与卧室的私密性。

D **设计选材** Materials & Cost Effectiveness
入口处的装饰画风格跳脱，有冲击力。餐桌上的跳舞兰彰显主人活泼个性。咖啡色餐椅增添稳重感。楼梯的玻璃扶手显得空间灵动不沉闷。

E **使用效果** Fidelity to Client
极大的提高了房地产商的销售业绩，有效缓解销售压力。

一层平面图

二层平面图

昆明中航云玺大宅·
玺悦墅泰式户型
KUNMING CATIC YUN XI DA ZHAI, XI YUE
SHU THAI APARTMENT LAYOUT

项目名称_昆明中航云玺大宅·玺悦墅泰式户型 / **主案设计**_罗玉立 / **项目地点**_云南 昆明市 / **项目面积**_530平方米 / **投资金额**_201万元 / **主要材料**_水曲柳、桦木

A 项目定位 Design Proposition

亚热带的典雅泰式，它传统而自然，且结合了现代的奢华与舒适、绚烂与干练。整个风格里舒张中有含蓄，妩媚中有神秘，平和中有激情。在浓郁的自然泰式风情基础上，赋予它国际化，打破国界的界限。作品不是强调泰式风格，而是讲究自然、人、建筑之间的和谐舒适关系。

B 环境风格 Creativity & Aesthetics

作品致力打造感性的舒适带来的绝佳生活品质，在金碧辉煌的泰国民风浮雕，妩媚的纱幔，清凉的沙滩色藤椅，旁边配上一株绿色的椰树，仿佛身临海边，在婆娑的椰子树影下，静静地躺在沙滩上晒太阳，让我们准确无误地感受到那种东南亚的清雅、休闲的气氛。在色调上，生动还原了"风暖莺啼，花影重重"的春日美景，以黄、蓝、红、绿、褐五彩色调将自然天性和艺术气场完美的融合，加于简约流畅的线条，体现出主人对生活的强烈追求与热爱以及饱满的精神追求。

C 空间布局 Space Planning

浓郁的异国风情，在光影琉璃的反射下变得更加的动人，整个空间被色彩笼罩下鲜活起来。空间里弥漫着一股气息，无论窗户、壁纸、地毯还是小到一个花瓶，它们都有着自己的图腾和纹理。顶部的天窗与大自然结合，光线依照自然的时间流动着，和房子里的空间相得益彰。时间和空间的交错，让你更亲近自然，体验不一样的风情。你会被造物者所感动，感动带来的居住体验，得到了一份自由和舒适。

D 设计选材 Materials & Cost Effectiveness

流光溢彩、细腻柔滑的泰丝沙曼，搭配朴素清凉的藤器家具，艳丽轻柔的抱枕、精致的木雕，绚丽多姿的贝壳，渲染出内敛光彩及生机勃勃的大自然的气息。泰式三角靠垫，放置在低矮的藤椅中，不经意地让人放下身段，随性坐卧，而灯饰、蜡烛还是香座、香薰、饰盒等均伴随着平和与纯净。体现主人对生活的热爱和高品质的生活追求。

E 使用效果 Fidelity to Client

该泰式风格项目的展示，极好地诠释了"国际化的泰式风格"，给样板房参观者带来眼前一亮的惊喜，该项目在设计界和地产市场上叫好又叫座。

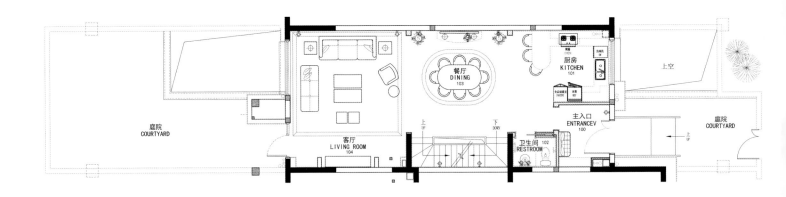

一层平面图

万科壹海城
VANKE ONE CITY

项目名称 _ 万科壹海城 / **主案设计** _ 葛亚曦 / **参与设计** _ 周薇 / **项目地点** _ 广东省深圳市 / **项目面积** _ 150 平方米 / **投资金额** _ 65 万元

A 项目定位 Design Proposition

此案以低调奢华的现化设计风格，在一个前卫、现代、蕴藏生活智慧的建筑空间里，回归自然、环保的本性。男女主人对时尚敏感、洞悉潮流，对于生活有着与众不同的精神诉求。所以，时尚摩登、现代简约又不乏艺术人文理所当然成了他们对于家的审美要求。

B 环境风格 Creativity & Aesthetics

进入这套 150 平方米的住宅，窗外就是美丽的海景。简洁而明净的开放式客厅、餐厅，墙体是时尚的浅灰色调。阳光从一侧的落地窗照入，使得室内白色的天花及原木的地板愈发显得素净和谐，深咖色的窗帘则渲染出稳重、大气的氛围。整个空间时不时会有灰蓝、孔雀蓝等不同程度的蓝和姜黄色跳动视线，极具时尚魅力的波普元素也被运用于其中，此外，你会发现连灯具的姿态都显得与众不同。色彩的对比和元素搭配让空间变得前卫而独特，拥有着不同寻常的魅力。

C 空间布局 Space Planning

女主人的工作室，墙体延续了客厅灰蓝与姜黄的色彩组合。黑色的整面矮架上摆满了主人的原创设计作品和各种收藏品，粗犷的原木桌面搭配钢结构的桌腿，简练的设计语言中体现了艺术的品位，飘窗上倚靠着一个圆木桩，让这个角落倍感温馨和有趣。整个空间，艺术与自然的融合，如此地美妙和细腻。在主卧中，设计师选择以纯粹的蓝色来呈现私密空间的舒适与内敛。三面墙体均以花朵状的壁纸铺陈，为避免繁琐，背景墙保留了和书房一致的灰蓝色。灰、白、蓝的色彩在床品、地毯、窗帘、挂画上形成了近乎完美的搭配。另一侧的客房，以浅灰和咖啡色系为主基调，绒面的铆钉衣柜高贵而雅致，简洁而富有层次感的床品，暖色调的运用可以让客人感受宾至如归的舒适。

D 设计选材 Materials & Cost Effectiveness

在装饰品上，大多也选用的取材自然的物品，原木、泥土、陶瓷、石头、等等。而在空间的质感上，我们同样追求更加质朴无华的感受。所以，棉麻织物和低反光材料被大量的使用。

E 使用效果 Fidelity to Client

空间中的一切都是令人难忘的，每一处细节的考究都将都市菁英特有的国际化生活方式融入其中，既摩登又包容，既有个性又不乏深度。

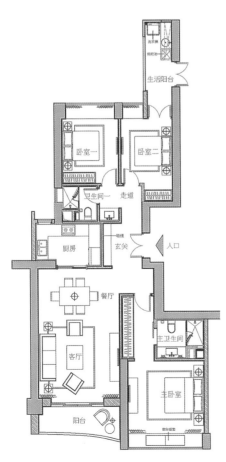

一层平面图

绍兴金地兰悦销售展示中心
SHAOXING JINDI LANYUE SALES CENTER

项目名称 _ 绍兴金地兰悦销售展示中心 / **主案设计** _ 李扬 / **项目地点** _ 浙江 绍兴市 / **项目面积** _ 510 平方米 / **投资金额** _260 万元

A 项目定位 Design Proposition
绍兴自古以来就是文化名城，文人辈出！本案地处绍兴腹地，世界文化遗产运河边、核心的人文板块。楼盘取名兰悦，设计师故以兰为主题，展开本次方案的设计制作。

B 环境风格 Creativity & Aesthetics
无论是沙盘区、洽谈区，还是入口接待区等都紧扣"兰悦"主题，营造出高贵、优雅的空间氛围。

C 空间布局 Space Planning
入口接待区巨幅抽象油画和巨型装置艺术品的垂吊，均取灵感于当代艺术作品，设计师希望通过抽象油画，装置的引入增加空间的时代感和趣味性。

D 设计选材 Materials & Cost Effectiveness
沙盘区中空位置运用传统国画兰花为题材，通过现代的工艺将画的题材晕染在绢丝上拼贴于凹凸造型墙面，配合古铜、夹绢玻璃、米灰色大理石等材质和灯光的烘托，力求表现出灵动雅致，又震撼的销售空间主体。给客户全新的购房体验。洽谈区，VIP 室从地毯的内容到墙面的配饰，墙纸的选择。都围绕兰而展开，紧扣主题。

E 使用效果 Fidelity to Client
售楼处投放使用后，引发当地的强烈反响，成为了销售的优质道具。很多客户果断下单的同时，很多业内人士，设计师也前去参观。

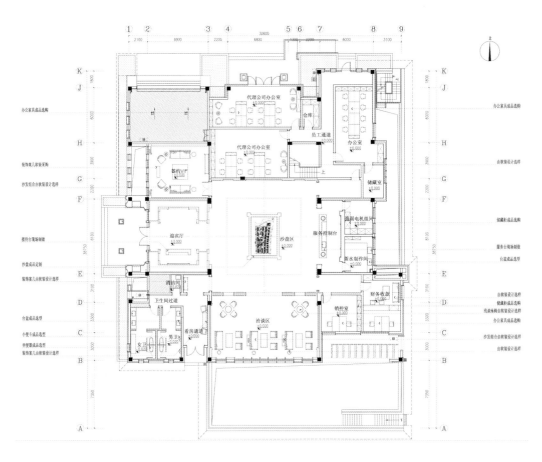

一层平面图

莱蒙水榭湾销售中心
LAIMENG SHUIXIEWAN SALES GALLERY

项目名称 _ 莱蒙水榭湾销售中心 / **主案设计** _ 刘红蕾 / **项目地点** _ 广东省惠州市 / **项目面积** _2000 平方米 / **投资金额** _1230 万元 /
主要材料 _ 华枫木业、达丰石材、雅伦格石材、星胜石材、尼罗格兰瓷砖、TOTO 洁具、品上灯具

A 项目定位 Design Proposition
项目是现代感的山海城市休闲度假风格建筑。设计运用现代装饰风格表达创新理念，不同空间场景从不同角度诠释南法气质。

B 环境风格 Creativity & Aesthetics
设计形塑了一个大隐于市之空间场域。应用现代简洁的设计语汇，营造急剧张力的空间感受，用强感召力引领宾客步入室内。波浪起伏的木铝板天花造型，水波纹的大理石地面铺装，极具地域特色白色拱形门，自然形态的叶子玻璃天窗造型，与天窗下洒落的漫天气泡灯构成室内空间与建筑结构的微妙结合，并化作建筑景观的延伸。设计不仅考虑到严密的空间组织、丰富的空间材质控制与色彩应用效果，更在 FFE 饰品设计中选取自然材质，融入海的元素和法国南部极具代表性的文化艺术特征进行意趣天然的创作。

C 空间布局 Space Planning
以自然元素为主进行创新重组：造型如海风过处时掀起波浪的天花是木纹的自然质感，侧面是白色亚克力材料，形成自然柔和的间接光源，促成整个空间的亮点与视觉的引爆点。而在平面图中，天花又是与建筑天窗玻璃浑然一体的舒展枝叶；在地面铺装上引用"水滴"概念，大理石中间向四周由浅至深变化，如同水滴撒在地面又缓缓四散；玻璃天窗下错落有致地悬挂多组大小不一的气泡灯，将地面与天花融为一幅自然界的悦然场景，犹如海面上升起的袅袅水雾。

D 设计选材 Materials & Cost Effectiveness
善用原本的旧有素材再配以新的空间思维，"新与旧"调和出一个充满想象空间的场域。

E 使用效果 Fidelity to Client
不仅极大提升了作为销售中心的展售作用，也成为该区域一处新风景，引人入胜。

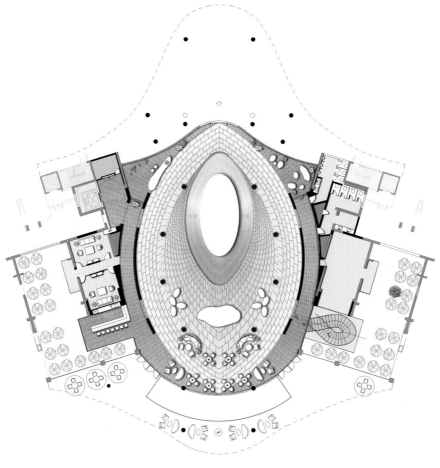

一层平面图

宜宾永竞售楼部
YIBIN YONG JING SALES

项目名称 _ 宜宾永竞售楼部 / 主案设计 _ 张晓莹 / 参与设计 _ 范斌、张鹏 / 项目地点 _ 四川省宜宾市 / 项目面积 _1000 平方米 / 投资金额 _ 约 511 万元 / 主要材料 _ 黛诺伊墙纸等

A 项目定位 Design Proposition
这个项目是当地最高档的楼盘，主要吸引的目标人群为高端人士。楼盘定位是具有设计语言的东方调性，且这种调性能迎合市场需求。

B 环境风格 Creativity & Aesthetics
对设计控制非常严格，设计源于当地盛产的竹的形式。

C 空间布局 Space Planning
整个空间布局内敛，以楼盘为中心发散对称，中心有多个点位，并引入了新颖高科技虚拟 3D 楼盘。

D 设计选材 Materials & Cost Effectiveness
室内设计材料拼法和接缝都采用当地生产的竹节结构完成。采用同一色系的不同材质的石、木、金属等。

E 使用效果 Fidelity to Client
设计与楼盘本身的品质相符，有效地吸引到中高端目标人群，能够适应市场需求。

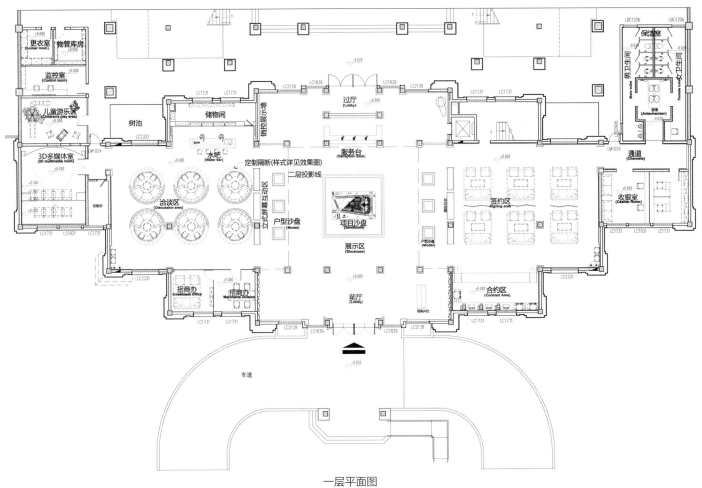

更衣室 (Locker room)
物管库房
监控室 (Control room)
儿童游乐 (Children's play area)
3D多媒体室 (3D multimedia room)
树池
储物间
水吧 (Water bar)
洽谈区 (Discussion area)
定制隔断(样式详见效果图)
立式屏幕互动区
二层投影线
户型沙盘 (Model)
项目沙盘 (Sandoxle)
展示区 (Showcase)
错控展示柜
过厅 (Lobby)
服务台 (Reception desk)
签约区 (Signing area)
户型沙盘 (Model)
招商办 (Investment Office)
招商办 (Merchants Division)
前厅 (Lobby)
合约区 (Contract Area)
保洁室
男卫生间 (Male toilet)
女卫生间 (Female toilet)
前室 (Antechamber)
通道 (Channels)
收银室 (Cashier Room)
车道

一层平面图

武汉光谷"芯中心"独栋办公样板

WUHAN OPTICAL VALLEY "CORE CENTER" SINGLE-FAMILY OFFICE MODEL

项目名称 _ 武汉光谷"芯中心"独栋办公样板 / 主案设计 _ 王治 / 参与设计 _ 何璇、陈戈利 / 项目地点 _ 湖北省武汉市 / 项目面积 _2000 平方米 / 投资金额 _380 万元

A 项目定位 Design Proposition
"芯中心"位于中国光谷——武汉东湖高新技术开发区内，紧邻凤凰山高架桥，项目周边具有丰富的光电子信息产业集群，是国家级重点开发区，也是未来武汉科技新城的核心所在。本案立足与处于创业成长阶段的高新科技型企业，倡导新型办公模式，为成长中的企业打造个性独特的全新商务平台，兼具日常办公、商务接待及小型聚会等功能，与传统写字楼的紧张工作节奏拉开差异，让高速发展的商业精英有一片属于自己的天地。

B 环境风格 Creativity & Aesthetics
中国元素的现代演绎，项目整体客户群体属于知识结构高、眼界开阔的新时代创业精英，加之高科技光电子及 IT 行业划分，所以本案在整体设计手法上采用现代简约风格为主基调，体现干练、高效的行业特点；同时提炼传统中式元素进行点缀，让空间蕴含亲切的文化气息，增强认同感和归属感。

C 空间布局 Space Planning
将原建筑结构中的中庭打造成整个项目的视觉中心，中式天井，配以空中天桥，为整个建筑增添了丰富的动线环境和沟通趣味，辅以竹、卵石，让人的身心得到休憩。

D 设计选材 Materials & Cost Effectiveness
倡导低碳、环保理念，采用无缝软木地板，软木饰面板等材料，在回归质朴的同时增加了几分亮色，使人倍感温暖与舒适。

E 使用效果 Fidelity to Client
该案作为整个项目的样板楼，竣工验收之后就得到了甲方的高度认可及购房客户的好评，开放不到两个月，就被业主直接整体购买。

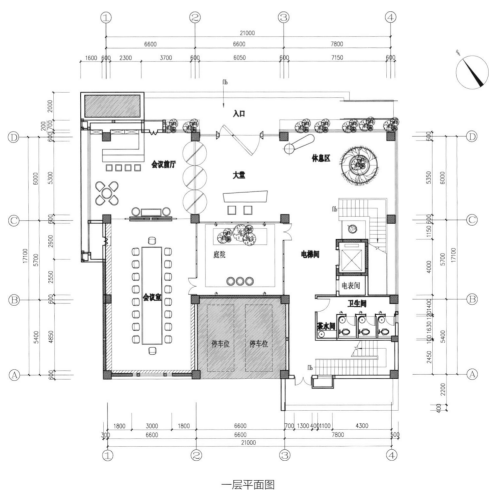

一层平面图

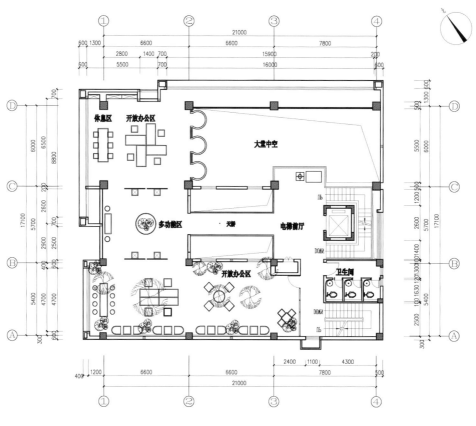

二层平面图

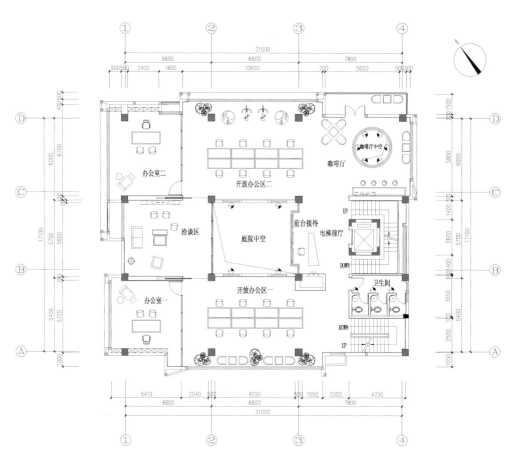

三层平面图

深圳花样年幸福万象售楼处
SHENZHEN FANTASIA HAPPINESS
VIENTIANE SALES OFFICES

项目名称 _ 深圳花样年幸福万象售楼处 / **主案设计** _ 韩松 / **项目地点** _ 深圳市罗湖区 / **项目面积** _350 平方米 / **主要材料** _ 铂金米黄、木饰面、黑镜、不锈钢

A **项目定位** Design Proposition
深圳的生活，
有太多的现实，
有太多的残酷，
有太多无休止的奔跑，追逐，
有太多的欲望魔鬼……

B **环境风格** Creativity & Aesthetics
我们也许，
无法选择财富，
无法选择成功，
也许无法选择喧嚣与否……
但是，
我们可以选择自由，
选择随心而动的生活……

C **空间布局** Space Planning
在建筑空间的设计上，城市组通过科学的手段实现一个人与人、人与建筑互动的空间媒介。

D **设计选材** Materials & Cost Effectiveness
新颖。

E **使用效果** Fidelity to Client
很好。

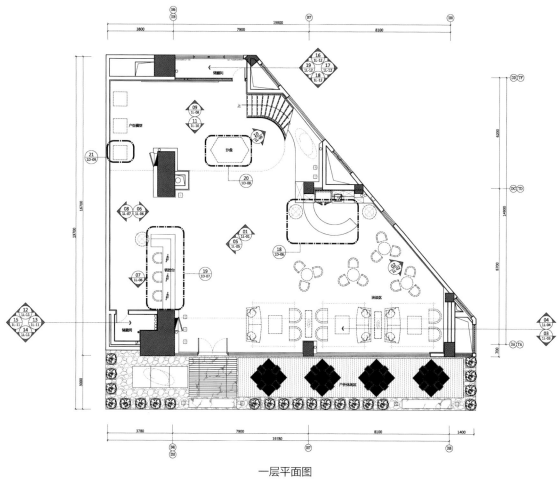

一层平面图

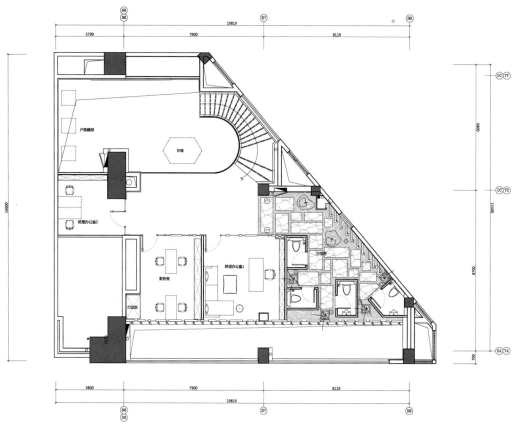

二层平面图

吴月雅境售楼处# 43-1楼
SALES CENTER MOONLIT GARDEN WUXI#43.1

项目名称_吴月雅境售楼处 # 43-1 楼/主案设计_小林正典/参与设计_胜木知框、小林怜二/项目地点_江苏省无锡市/项目面积_600平方米/投资金额_600万元/主要材料_布、铁、竹、太湖石、地砖、木头、青[

A 项目定位 Design Proposition
中国无锡一个地方的售楼处。无锡市地方产业文化的材料，如布、铁、竹，也是"太湖石"。我们试图充分利用每一块土地的特征，并把日本的美感价值。

B 环境风格 Creativity & Aesthetics
我们还计划连接各要素，那么就创建一个架构的债券，是为用户提供难忘的互动展览馆。

C 空间布局 Space Planning
就在楼梯面积，导致从一楼售楼处到地下接待室。它的业务通道楼梯。但是，我们想给一个意思在那里。楼梯就像生活。

D 设计选材 Materials & Cost Effectiveness
人生是有很多磨难。然而，上帝从来不给我们一个严酷的考验，我们不能克服。据了解到，在过去，有希望与未来。战斗的必要性现在的意思。"楼梯的连接过去和未来"。

E 使用效果 Fidelity to Client
什么节省的人，现在采取的一个步骤。然后又迈进了一步。这是永远不变的一步，但我们必须抓住它。

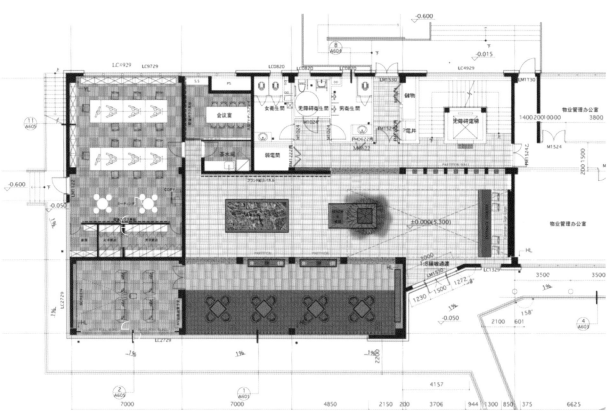

一层平面图

长沙东怡大厦售楼中心
CHANGSHA EAST YUE BUILDING SALES CENTER

项目名称_ 长沙东怡大厦售楼中心 /**主案设计**_ 曾秋荣 /**参与设计**_ 曾冬荣、张伯栋 /**项目地点**_ 湖南省长沙市 /**项目面积**_ *2470* 平方米 /**投资金额**_ *960* 万元 /
主要材料_ 人造洞石（金亿石材）、古堡灰（金亿石材）、工艺玻璃（广州市益友鸣玻璃）、不锈钢（广州科丽迪建材）

A 项目定位 Design Proposition
设计上追求与自然对话，希冀在商业空间中彰显自然的力量，确立人与自然和谐共处的理念，真正实现建筑与环境的共荣共生；市场定位层面，这里不仅是楼盘项目的销售平台，同时也是艺术展示、人文交流的平台。

B 环境风格 Creativity & Aesthetics
环境风格上运用了中国传统建筑中的庭院概念，引入水、石、植物、阳光等自然元素，在原封闭的空间中营造出一个充满阳光生态且流动透明的诗意平台。

C 空间布局 Space Planning
采用以小见大的表现手法来实现室内外空间与自然条件一体化的整合设计。打通四、五层楼板，植入露天庭院，造景尊崇自然之美，方寸间见山林，寓无限意境于有限的景物之中。

D 设计选材 Materials & Cost Effectiveness
在材料的使用上，追求现代简洁，对"多"与"繁"进行理性制约，使人在现代商业社会的繁重、束缚之下的获得一种回归本真的轻盈和闲适。

E 使用效果 Fidelity to Client
成为楼盘项目促销宣传的重要阵地，也成为城中艺术展示、时尚文化传播、人文交流的重要平台。

四层平面图

沈阳中铁丁香水岸售楼会所
SALES CLUB DESIGN DESCRIPTION OF SHENYANG CRCC

项目名称 _沈阳中铁丁香水岸售楼会所 / **主案设计** _陈贻 / **项目地点** _沈阳市 / **项目面积** _1700 平方米 / **投资金额** _680 万元

A 项目定位 Design Proposition
这个售楼处的设计是想要表达清雅含蓄、幽深清远、淡泊自然的东方声神韵。使人一进入空间就能感觉到东方式的精神内涵。

B 环境风格 Creativity & Aesthetics
用当代文化造型、语言方式去寻求中国传统文化脉络延续设计中的以意取象，表达了一种"淡泊明志，宁静致远"的东方式精神内涵。

C 空间布局 Space Planning
特殊的结构形式构成了独特的空间格局，或恢弘、或平和、或高耸、或延展，空间节奏处理得跌宕起伏、游刃有余。具体的说，在此套设计中将那种散点式的、全景性的、可居可游化的传统山水画艺术格局完全地融入到整体空间构成中去了。

D 设计选材 Materials & Cost Effectiveness
此套设计象征性的以符号化的探求向我们展示了更新的艺术格局，解构并重组了中式传统建筑中的"斗拱"结构，运用实木木质木制的桁架结构形成了空间中统一的造型元素而被巧妙的铺成开来。

E 使用效果 Fidelity to Client
"心静、思远，志在千里"。无论从立意上，还是表现手法上，我们都能很好的感受到此空间巧妙融入传统东方文化和时代精神。它既是一种传承，亦是一种升华；它既汲取了东方文化的传统意境精髓，又致力于发展和倡导了优质的东方式生活理念及人居和一式的现代设计精神。

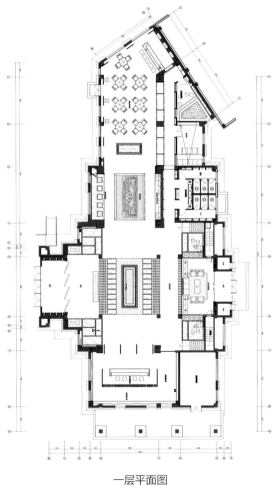

一层平面图

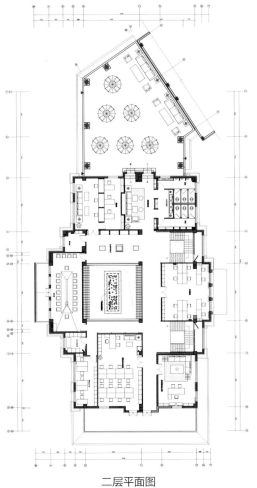

二层平面图

长沙第六都楼王样板房
THE BIGGEST SHOWFLAT IN THE SIXTH CITY45

项目名称 _ 第六都楼王样板房 / **主案设计** _ 陈志斌 / **项目地点** _ 长沙市第六都 / **项目面积** _300 平方米 / **投资金额** _45 万元 / **主要材料** _ 墙纸、软包、爵士白石材、艺术玻璃

A 项目定位 Design Proposition
本案为第六都楼王样板，体现现代奢华风格。

B 环境风格 Creativity & Aesthetics
以现代手法充分演绎整体空间的品质感。

C 空间布局 Space Planning
墙面以石材和软包对比，顶部叠级天花用简洁的线条表现，配以不落俗套的挂饰和家具，把现代感和高贵感全面呈现。

D 设计选材 Materials & Cost Effectiveness
运用硬朗的物料和明快的色调，迸发出赏心悦目的神采。

E 使用效果 Fidelity to Client
纯洁的质地、精细的工艺配以几何图形的现代版画，显示出奢华的现代感。

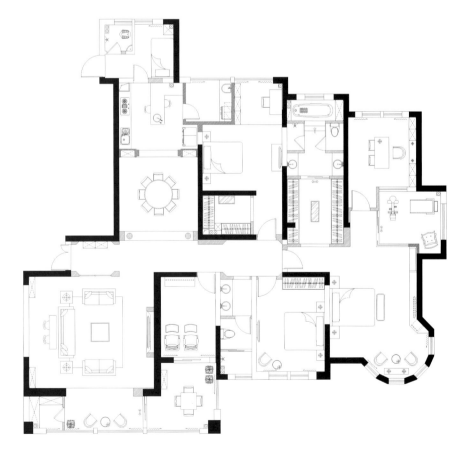

一层平面图

济南建邦原香溪谷二期301

JINAN JIANBANG YUANXIANGXIGU

项目名称_济南建邦原香溪谷二期301户型样板间／**主案设计**_岳蒙／**参与设计**_霍远征、于颖、何景、王迎／**项目地点**_山东省济南市／**项目面积**_200平方米／**投资金额**_120万元／**主要材料**_科勒卫浴、天堂鸟理石、木地板

A 项目定位 Design Proposition
摒弃同类产品奢华高调风格，以拟人化手法为前提，围绕虚拟人物的生活状态，利用现代手法对作品进行诠释。

B 环境风格 Creativity & Aesthetics
此物业远离都市市中心的繁华喧闹，作品总色调与周围环境相互呼应，室内室外浑然一体。

C 空间布局 Space Planning
采用挑空设计，使空间更显通透。

D 设计选材 Materials & Cost Effectiveness
采用全乳胶漆设计，摒弃目前流行的装饰材料。

E 使用效果 Fidelity to Client
明显提高房地产商的销售业绩。

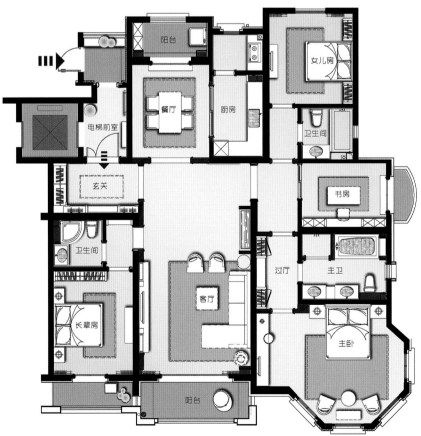

一层平面图

北京西山艺境 13#
叠拼样板

BEIJING XISHAN LIFE JUMP BETWEEN
EXAMPLE # 13 FOLD SPELL

项目名称_北京西山艺境 13# 叠拼下跃样板间/**主案设计**_连志明/**项目地点**_北京市/**项目面积**_361平方米/**投资金额**_190万元/**主要材料**_欧雅壁纸、马可波罗瓷砖、书香门第拼花木地板

A 项目定位 Design Proposition

作为北京西一处面向中关村、高新区海淀大学城的高档楼盘，我们将客户设定为有国际教育背景和有海外生活经验的客户群体。

B 环境风格 Creativity & Aesthetics

有海外生活经验的客户群体以及具有法国风情的小区建筑与景观环境使得此套样板间选择具有中国人生活习惯的空间与色彩属性较强的法式风格。

C 空间布局 Space Planning

将洋房设计成别墅是此样板间的空间设计重点，地下室为类似私人会所与家庭娱乐室功能完美结合。餐厅与客厅西厨浑然一体，空间相互借用，书房、更衣室、主卫、主卧动线合理，让此只有300平米的空间充满视觉的层次感。

D 设计选材 Materials & Cost Effectiveness

选材简单，性价比高，视觉感受丰富。

E 使用效果 Fidelity to Client

鲜明的法式风格主题，中国人习惯的生活方式设置与空间多效性运用。此样板间是客户选择较多的户型之一。

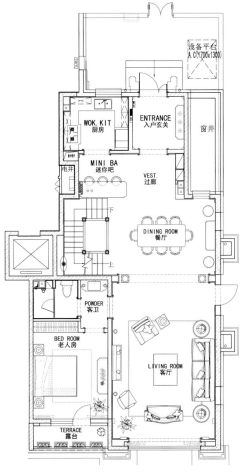

一层平面图

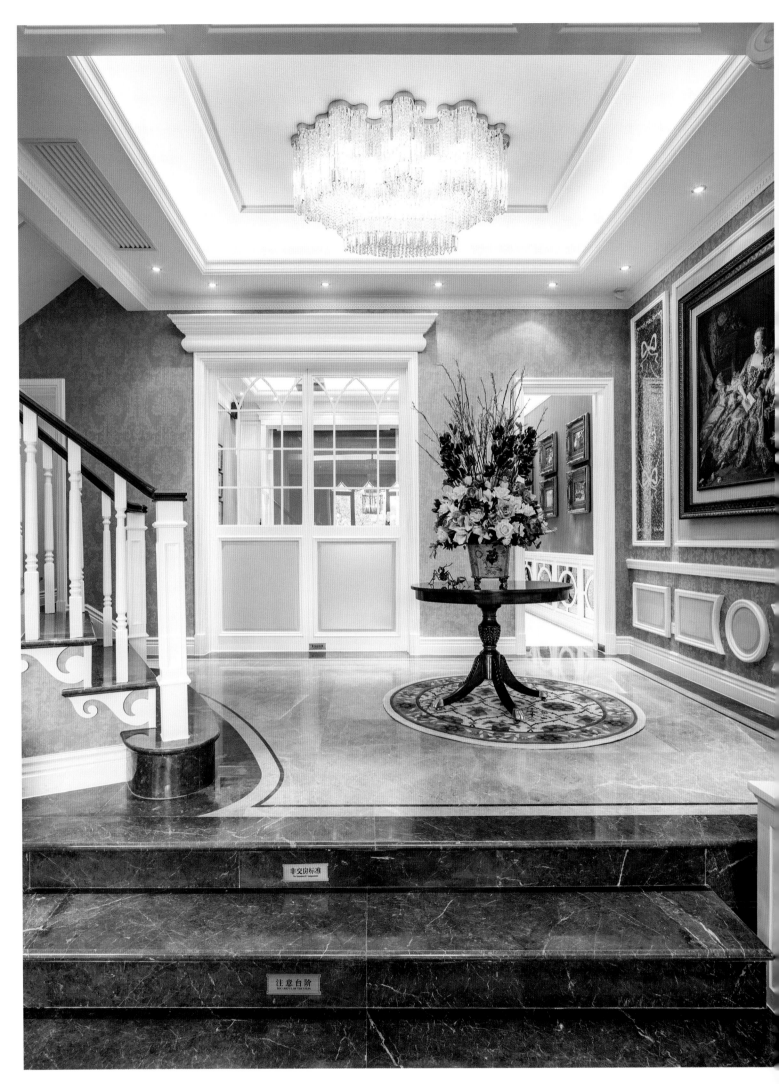

北京西山艺境 13#
联排样板间
BEIJING XISHAN LIFE 13 # FLOOR
TERRACE BETWEEN EXAMPLE

项目名称 _北京西山艺境 13# 楼联排样板间 / 主案设计 _连志明 / 项目地点 _北京市 / 项目面积 _502 平方米 / 投资金额 _338 万元 / 主要材料 _上海欣望壁纸、马可波罗瓷砖、书香门第拼花木地板

A 项目定位 Design Proposition

作为北京城西一处面向海淀大学城和中关村高新人才的高档楼盘。我们将客户设定为有国际教育背景和有海外生活经验的客户群体。

B 环境风格 Creativity & Aesthetics

作为联排边户，此户型有一个优秀的特点，即三面采光，大花园具有略带时尚感的英伦风格，贴切地表达了此空间的属性。深色的木饰面样板与较为中性色彩的跳色，让此空间又不失价值感与文化感。

C 空间布局 Space Planning

①客厅、餐厅与庭院充分的视觉互通性与借景；②将原内中庭改为挑室餐厅与3层步入式更衣间，让业主得到更多的实惠；③将地下一层在建筑施工前期即设计为向下延伸1米，让地下一层高度调整为4米，让私人会所级的氛围更为浓烈；④既有其乐融融的家庭温馨空间，又有绝对私密与功能强大的卧室自主空间。

D 设计选材 Materials & Cost Effectiveness

较为活力的色彩感，较强的壁纸让空间具有时尚气息。

E 使用效果 Fidelity to Client

以中国人的生活方式为空间布局依托，价值感文化感并重的英伦气息，让客户记忆点深刻，是小区客户选择最多的户型之一。

一层平面图

株洲神农养生城
B 型别墅样板
ZHUZHOU SHENNONG HEALTH CITY B
VILLA MODEL ROOM

项目名称 _ 株洲神农养生城 B 型别墅样板间 / **主案设计** _ 谢剑华 / **参与设计** _ 陈逸清 / **项目地点** _ 湖南省株洲市 / **项目面积** _ 600 平方米 / **投资金额** _ 300 万元 / **主要材料** _ 环球石材、CK 床品

A 项目定位 Design Proposition
作品展现了对东方文化的沉淀与提炼。

B 环境风格 Creativity & Aesthetics
本案为房地产项目的样板间。设定的生活主角为儒雅谦卑的君子。他是一名艺术家，但决非放浪不羁。他热爱家庭生活，执着装饰细节，勤于自我学习。他希望家庭拥有绝对的归属感，而不是媚俗浮夸的广告载体。功能上，他为爱妻准备了精致的 SPA，为好友提供了品尝茶茗，红酒的私厨空间。为家人打造了设施完善的桑拿，泳池。同时，他特意设置了对孩子们进行艺术教育的的绘画、陶艺工作室。由此可见他是名君子。因此，我们用象征君子的梅、兰、竹、菊来阐述这所家居的设计特质。

C 空间布局 Space Planning
空间的比例、尺度、虚实通过精心组合，追求稳重大气、错落有致、虚实平衡的互补关系。从首层玄关走到电梯前水景，一个竖向挑高空间让人豁然开朗，两层高的磅礴雄伟瀑布缓缓而下，汇集于一池荷莲。于水景旁边大理石平台上赏景听瀑品茗，不愧为洗涤心灵之人生乐事。再进入客厅，则拓宽成比例反差巨大的扁平宽敞空间，以适合一家老小在此共享天伦之乐。

D 设计选材 Materials & Cost Effectiveness
我们以灰作为主调：包括主材的石材、墙纸、木饰面板等。从灰调之中演绎含蓄、低调的变化。让材质色彩在灰调的大环境中对话与互动。材质的选配上，坚持宁缺毋滥，在主材不超过七种的前提下，通过精心的搭配来营造沉稳丰厚的整体效果。软装的配搭上，在遵循统一的空间大色彩基础上，材质、肌理、质地、色彩作适当反差，形成统一但有变化，理智而不失温馨的钢中有柔的完美配搭。

E 使用效果 Fidelity to Client
开发商与管理层对落地效果非常满意，现场的材质与软装的搭配所呈现出来的高贵细腻的气质甚至超过了他们的预期。

一层平面图

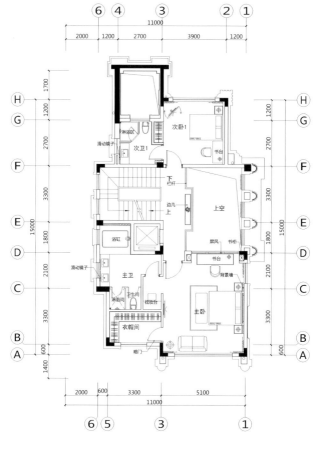

二层平面图

绿城·兰园
ORCHID GARDEN

项目名称 _绿城·兰园 / 主案设计 _谭瑶 / 参与设计 _徐芳芳 / 项目地点 _浙江省杭州市 / 项目面积 _90 平方米 / 投资金额 _34.2 万元 / 主要材料 _GCASA、弥赛尔、爱舍、曼尼特

A 项目定位 Design Proposition

处于城市中心地带精致小巧的 90 方户型，是现代都市年轻人梦寐的栖身之处，而在闹市中央，一片宁静之地，更是最难得的所在，绿城·兰园这套 90 方时尚法式，加入"宁静生活主张"的愿想，用当下最具时尚气质的璀璨兰花紫，打造属于都市年轻人的诗意栖居。

B 环境风格 Creativity & Aesthetics

宁静的生活自然不能缺少一间属于私人的书房，在这一间书房的打造上，设计师摒弃了传统的书房，而将其打造成一间具有神秘色彩的独特空间，适合悠闲的等下看书品酒，也适合三五好友的聚会，同时也可以作为一间创作的工作间。蝴蝶元素的选用，使得一个小小的书房充满了灵动，地面随意堆叠的画框，既是大气的装饰，又象是主人安宁闲适的生活的表达。

C 空间布局 Space Planning

在空间布局上，90 方的紧凑户型，每一寸空间都应该发挥作用，进门玄关做了收纳空间，美观又实用，餐厅选用了更加实用的圆桌，足够容纳六人位，流线也更加顺畅，书房的布局打破传统书房的布局，选用了躺椅和书柜的搭配，适合现代年轻人的生活习惯和品味。

D 设计选材 Materials & Cost Effectiveness

作品在材料上选用米白色木饰面，清新淡雅的壁纸，旨在提升小空间中的视觉感受。为了打造一个宜居的空间，软装设计师在家具面料上，大量选用适合皮肤接触的棉麻质感的面料。深色桃花芯木饰面适当加入做旧银箔金箔，点亮空间，提升空间的品质感。在装饰画的选用上，在传统的工艺画的基础上，做了镜面和面料结合的装饰画，已经沥青工艺的装饰画。提取传统法式风格的线条加以简化，打造属于小空间的法式风情，在软装上面，选用线条简洁的软体家具，和深色的木质家具，干净利落的摒除了繁琐的细节雕花，着眼于气质空间的打造，而中式元素适当点缀在装饰画和饰品上，使得小空间既时尚大气又有一些有质感的细节可以停下来慢慢品味。

E 使用效果 Fidelity to Client

作品得到了年轻客户的认同与喜爱，在 90 方的格局中，既有传统的使用功能，又多了几份意境和独特的气质。

一层平面图

云路青瓷大宅"锦"主题
YUN LU CELADON MANSION "JIN" THEME

项目名称 _ 云路青瓷大宅"锦"主题 / **主案设计** _ 刘宗亚 / **参与设计** _ 周舟林 / **项目地点** _ 云南省昆明市 / **项目面积** _ 250 平方米 / **投资金额** _ 300 万元

A 项目定位 Design Proposition
设计策划：意在借鉴各自对精致生活的理解、沉淀，为顾客打造一个私有的品质空间。
市场：为都市精英阶层消费，以女性为主。

B 环境风格 Creativity & Aesthetics
该作品为现代新古典风格，典雅、精致。与个性年轻人追求精致独立、完美主义的生活
实质也十分贴切。

C 空间布局 Space Planning
独特的椭圆型过厅，开始大美之宅之旅；精心划分的空间，宜静宜动，动静分离；空间
暗位利用较多，如鞋房、厨房、视听室、卫生间。

D 设计选材 Materials & Cost Effectiveness
丝质布艺的墙面运用，大理石地面、洁具、细节处理。

E 使用效果 Fidelity to Client
楼盘在销售期间，此样板空间深受精英女性所喜爱。

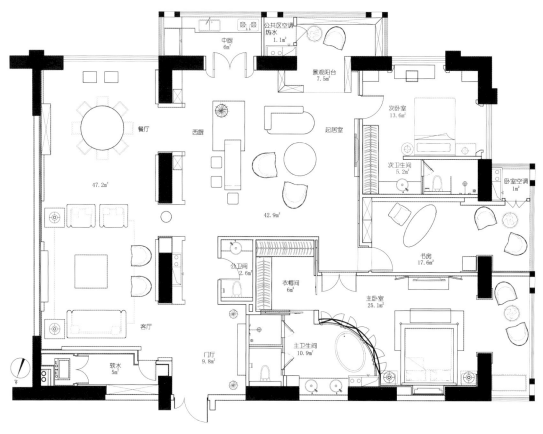

一层平面图

富民山与城样板房
FUMIN MOUNTAIN AND CITY HOU MODEL (ELEGANT TIME)

项目名称 _ 富民山与城样板房（清雅时光）/ 主案设计 _ 黄丽蓉 / 参与设计 _ 张植蔚 / 项目地点 _ 云南省昆明市 / 项目面积 _170 平方米 / 投资金额 _70 万元 / 主要材料 _ 永明墙纸、天然石材、希尔登楼梯等

A 项目定位 Design Proposition
本案旨在 170 平方米的联排别墅，营造一种轻松的生活方式。

B 环境风格 Creativity & Aesthetics
本案设计糅合了"现代"与"中式"风格，产生强烈的对比主题。单一的色调与细致的线条将整个空间变得大方得体，而精致独特的饰品也为样板房带来时尚而具中式文化的美感。空间装饰的轻重得体，使线条流畅的家具更加突出，设计师也希望通过有品味的家具去衬托出丰富的触感。中空超大错落的鸟笼灯更是体现中式与现代的完美碰撞。

C 空间布局 Space Planning
本案以中庭为核心筒，双面采光，通风日照极好，并且功能性强，具私密性，整体布局简洁明了，分流清晰。

D 设计选材 Materials & Cost Effectiveness
通过使用当代的造型语言，寻求中国传统文化脉络延续的根源，文化根源的延续和气质空间的呈现是此次设计最本质的诉求，设计师通过意境的营造，将其对中式的所有理解凝聚于此，并发散至整个空间。

E 使用效果 Fidelity to Client
本案的投入与后期效果相比，物超所值，大大超乎样板房之初对自己房子的期望值，设计师也实现了通过设计改变客户的生活方式的目的。

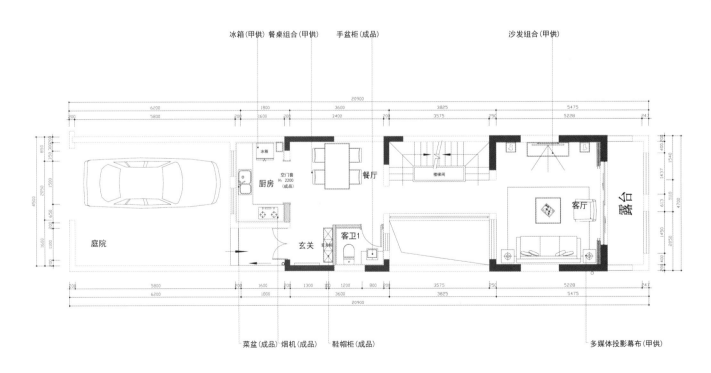

冰箱(甲供)　餐桌组合(甲供)　　手盆柜(成品)　　　　　沙发组合(甲供)

厨房

餐厅

楼梯间

客厅

露台

庭院

玄关

客卫1

菜盆(成品)　烟机(成品)　　鞋帽柜(成品)　　　　　多媒体投影幕布(甲供)

一层平面图

惠东莱蒙水榭湾样板房
HUIZHOU HIDDEN BAY MODEL HOUSE

项目名称 _ 惠东莱蒙水榭湾样板房 / 主案设计 _ 张东海 / 参与设计 _ 赵芹 / 项目地点 _ 广东省深圳市 / 项目面积 _ 220平方米 / 投资金额 _ 200万元 / 主要材料 _ 现代大师、金意陶、亚迪石材、科勒、品上

A 项目定位 Design Proposition
此案远离城市的喧嚣，离海是零距离，人与海亲面接触，高端旅游度假。

B 环境风格 Creativity & Aesthetics
项目的位置及其所代表的度假生活形态决定了样板间必定以不同的姿态示人。我们希望样板间超脱于现实的都市生活，并且都与海洋有关。甚至当台风过后，房内所有装修都必须完好如初。只有纯天然的物料才能实现我们的想法。三套样板间展示的是三种不同的海边度假生活：（1）在海上；（2）在临海的山上；（3）在沙滩上。

C 空间布局 Space Planning
样板间空间布局设计营造出对现实生活的美好憧憬，且都与海洋有关。即使台风刮过，房内所有装修都依然完好如初。

D 设计选材 Materials & Cost Effectiveness
全部都是采用纯天然的物料装饰，体现出人与环境（海洋）的合二为一的设计理念。

E 使用效果 Fidelity to Client
逃离喧嚣城市的生活，结合当地休闲度假的城市特色，营造出激动人心的海岸度假生活氛围。

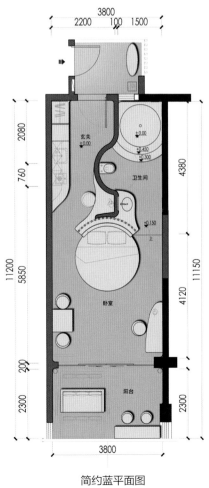

简约蓝平面图

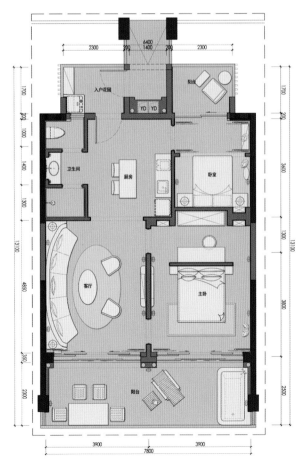

圣托尼尼平面图

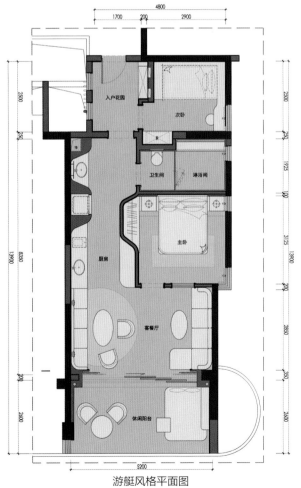

游艇风格平面图

保利三山西雅图样板房

TO SALUT MONDRIAN—SAMPLE HOUSE OF SANSHAN

项目名称 _ 向蒙德里安致敬 · 保利三山西雅图样板房 / **主案设计** _ 何永明 / **参与设计** _ 道胜设计团队 / **项目地点** _ 广东省佛山市 / **项目面积** _ 58 平方米

A 项目定位 Design Proposition

买房难已成为现今社会的共识，这也就催生了越来越多小户型的涌现，而他们所面向的市场则是 80 后，这些文艺的一代，对于个性与艺术的需要求异常的强烈，借此为出发点，我们进行了这次趣味十足的设计。

B 环境风格 Creativity & Aesthetics

买房难已成为现今社会的共识，这也就催生了越来越多小户型的涌现，而他们所面向的市场则是 80 后，这些文艺的一代，对于个性与艺术的需要求异常的强烈，借此为出发点，我们进行了这次趣味十足的设计。

C 空间布局 Space Planning

在空间设计上，本着"通"的原则，将客厅、餐厅、厨房融合为一个公共空间，让各区域可以彼此互跨交融，打造出开放式的视觉体验，这种开放式格局让足够的光线能够自由穿梭，令每一个空间都能在看似分开的空间中找到彼此的存在，给人以身处宁静幽谷的感觉。在某种程度上，提高空间的可利用率，更具包容性和弹性。

D 设计选材 Materials & Cost Effectiveness

在材料的运用上，大量使用石材和木饰面，保留自然原始性与生态性。墙壁荔枝面石材的运用，远观好似一条纱织的丝巾，近观又能感受时间所给与他的粗犷美感，在粗犷中感受时光温暖。同时配以具有动态时尚感的黑色亚克力，又将视觉拉入现代设计的美感之中。

E 使用效果 Fidelity to Client

达到客户的预期效果，并且得到市场的接受，同时也受到同行的认可与表扬。

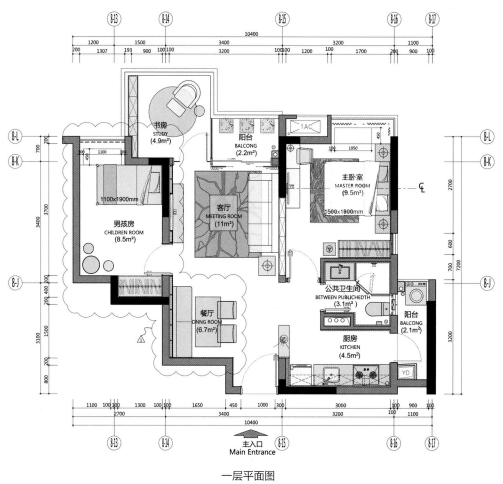

书房
STUDY
(4.9m²)

阳台
BALCONG
(2.2m²)

1AC

主卧室
MASTER ROOM
(9.5m²)

1500x1900mm

1100x1900mm

男孩房
CHILDREN ROOM
(8.5m²)

客厅
MEETING ROOM
(11m²)

公共卫生间
BETWEEN PUBLICHEDTH
(3.1m²)

阳台
BALCONG
(2.1m²)

餐厅
DNNG ROOM
(6.7m²)

厨房
KITCHEN
(4.5m²)

YD

主入口
Main Entrance

一层平面图

东盟森林 E1 户型样板房
DONG MENG SEN LIN E1 SHOW FLAT

项目名称 _ 东盟森林 E1 户型样板房 / **主案设计** _ 易永强 / **项目地点** _ 云南昆明 / **项目面积** _ 约 124 平方米 / **主要材料** _EMG 大理石、哲高地毯、益友鸣艺术玻璃

A 项目定位 Design Proposition
本案的设计师用稳重而带有中性特质的灰色作为整体空间色彩的打底色，用诗人的思维考量着每一个布局和角落，用大气稳重的手法模糊"内与外"的边界，用纯色和装饰物作为巧妙的过渡，将素净和淡雅不知不觉地融入整个空间的气氛中。

B 环境风格 Creativity & Aesthetics
围绕"秋色"主题的家装，让整体空间既符合生活空间的诉求，又让人感受到现在都市中所难感受到花园景色。

C 空间布局 Space Planning
在空间设计上，本着"通"的原则，将客厅、餐厅、厨房融合为一个公共空间，让各区域可以彼此互跨交融，打造出开放式的视觉体验，这种开放式格局让足够的光线能够自由穿梭，令每一个空间都能在看似分开的空间中找到彼此的存在，给人以身处宁静幽谷的感觉。在某种程度上，提高空间的可利用率，更具包容性和弹性。

D 设计选材 Materials & Cost Effectiveness
在材料的运用上，大量使用石材和木饰面，保留自然原始性与生态性。墙壁荔枝面石材的运用，远观好似一条纱织的丝巾，近观又能感受时间所给予他的粗犷美感，在粗犷中感受时光温暖。同时配以具有动态时尚感的黑色亚克力，又将视觉拉入现代设计的美感之中。

E 使用效果 Fidelity to Client
达到客户的预期效果，并且得到市场的接受，同时也受到同行的认可与表扬。

一层平面图

台中国家 1 号院
LIVE A LIFE, OUTSIDE THE DESIGN

项目名称 _ 台中国家 1 号院 - 设计之外，遇见生活 / 主案设计 _ 张清平 / 参与设计 _ 唐至俐、蔡建铨、黄咨文 / 项目地点 _ 台湾省台中市 / 项目面积 _198 平方米 / 投资金额 _100 万元

A 项目定位 Design Proposition

是曾经、记忆和质感的融合，古典与现代的邂逅，格局的流畅协调实现了一种视觉化的干净，这干净饱满而丰富，它让背景不仅仅是背景，是曾经也是记忆，是古典也是现代，同时也饱含了对文化的尊重与追求。

B 环境风格 Creativity & Aesthetics

丰富的光线线条可以让小空间变长，灵动的视野给人一种广大的效果，运用收放自如的手法，不动声色地有了宁静、自然的气息，将建筑属性逐渐淡化，回归最初的纯净。

C 空间布局 Space Planning

以内敛质感作为主轴，打破传统格局，重新思考空间的可能性和极大值，以开放、穿透的手法，并用家俱隔间的概念重新定义及分配，让整个空间在精致中突出些许安静的气息，让简洁明快空间具有轻快的时代感。

D 设计选材 Materials & Cost Effectiveness

以现代创意来解读空间意趣，借着木质本身的纹理和质感来凸显张力 让空间呈现出一种难得的手工感，这种手工不是陈旧，而是清新的，给人一种干净、平和的感觉。

E 使用效果 Fidelity to Client

设计之外，遇见生活荣获台湾室内设计大奖赛 (TID)，"居住空间单层 TID 奖"。

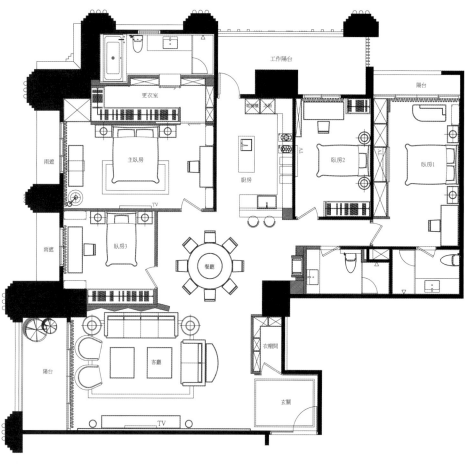

一层平面图

中德英伦联邦 A 区 5#-3302
BRITISH VILLE 5#3302 SHOW FLAT

项目名称 _ 成都中德英伦联邦 A 区 5# 楼 3302 户型 / **主案设计** _ 钱思慧 / **项目地点** _ 四川成都 / **项目面积** _470 平方米 / **投资金额** _235 万元 / **主要材料** _EMG 大理石、哲高地毯、益友鸣艺术玻璃

A 项目定位 Design Proposition

本案设计为顶楼三层复式的结构布局，以社交面广、注重生活品质的时尚人群为目标客户，融入国际化的视野，打造高品质的生活环境。

B 环境风格 Creativity & Aesthetics

顶层卧室是是整个空间的亮点，立面的木格栅将窸窣的影子投射到室内的空间，明亮而温和，微煦和风在室外将室内的影子吹动得婀娜多姿。

C 空间布局 Space Planning

通透的空间串连关系，玻璃天窗，简约悠闲的迷人气息在空间的几处亮蓝色中蔓延，演绎充满生命力的韵味。

D 设计选材 Materials & Cost Effectiveness

整体空间以深色柞木木饰面搭配浅色银狐木木饰面，再以白色钢琴漆做背景，大量的动态特征以深色调出现，在流畅的空间中蕴含沉稳，让居住者置身于动静皆宜的世界。

E 使用效果 Fidelity to Client

达到客户的预期效果，并且得到市场的接受，同时也受到同行的认可与表扬。

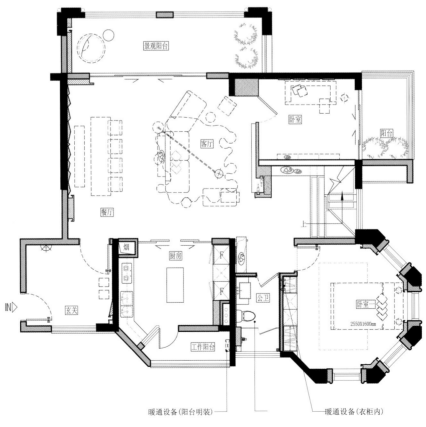

一层平面图

时代倾城·《狼羊之恋》
TIMES KING CITY · WOLF SHEEP IN LOVE

项目名称_时代倾城《狼羊之恋》/ **主案设计**_谢泽坤 / **参与设计**_林凯佳、陈泳夏 / **项目地点**_广东省中山市 / **项目面积**_92 平方米 / **投资金额**_60 万元 / **主要材料**_大理石、灰玻、硬包、墙纸、烤漆板、不锈钢

A 项目定位 Design Proposition

本案目标群针对 80 后的刚需客户，对于一个懂得享受生活的 80 后而言，对艺术、时尚与生活的追求，已不再是杂志里的美丽谎言，它们就是如此真实而解手可碰。设计在满足户型和功能的诉求之外，更多的体现出一种新的生活生息。

B 环境风格 Creativity & Aesthetics

本案在退去繁复的装饰后，现代简约的设计风格使得空间更加理性，以最基础的线、面组合，黑、白、灰对比，设计简而不乏现代感。

C 空间布局 Space Planning

92 平方米的 3+1 户型设计上，在满足户型和功能的诉求之外，小孩房、阳光房运用半开放式的软隔断，使空间更加明亮开阔，更具弹性。同时也大大提高样板间的展示效果。

D 设计选材 Materials & Cost Effectiveness

本案运用大理石、灰玻、硬包等不同材质的组合，以刚中带柔的选材搭配形式，结合艺术软装的点缀，把整个空间有机地融为一体。

E 使用效果 Fidelity to Client

由于设计策划、市场定位、软装搭配都非常到位，本案在投入运营后使楼盘的整体形象得以大幅提升，获得甲方的一致好评。

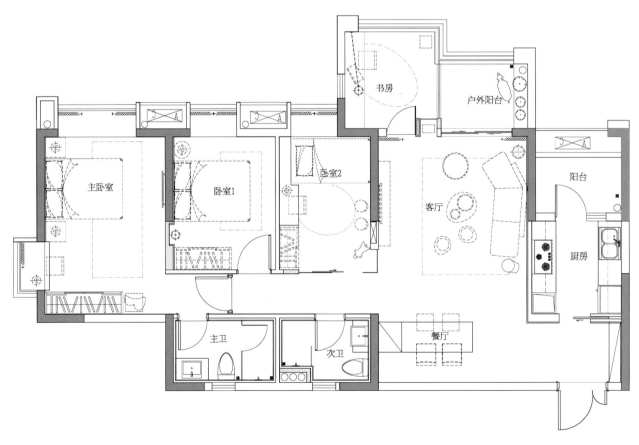

一层平面图

实力集团东盟森林样板房
NORWAY FOREST

项目名称_挪威的森林——实力集团东盟森林样板房 / **主案设计**_庞飞 / **参与设计**_袁毅、代曼淇 / **项目地点**_云南省昆明市 / **项目面积**_88平方米 / **投资金额**_48万元 / **主要材料**_亚华墙纸、伊顿地板、赢途石材

A 项目定位 Design Proposition
作为昆明的后花园，楼盘处在喧嚣的城市中安静一隅，独有的自然资源让此楼盘定位凸显出天然、朴实的人文特征，吸引了热爱生活的城市群众来此宜居。

B 环境风格 Creativity & Aesthetics
依照昆明四季如春、气候宜人的特征，基于此，为了给客户营造温馨、舒适的生活氛围，引入昆明阳光明媚的环境特征，通过自然色系的搭配，试图为客户创造出一个偏向自然、健康的生活状态。

C 空间布局 Space Planning
由于房间原本的户型较小，为了让空间看起来更加通透、开阔，设计师在墙角的位置采用了镜面与玻璃的材质搭配，使原本局促狭小的空间在转角的地方得以延伸，让单一的空间更有趣味性。

D 设计选材 Materials & Cost Effectiveness
根据前期的风格调查和最终定位，设计师采用了大量的自然材料等元素，如天然木材、质感柔软的棉麻材质及天然石材的运用，充分体现出本户型北欧设计风格的核心思想——天然明快，自然纯粹，温馨舒适。

E 使用效果 Fidelity to Client
此样板间自投入使用以来，得到了来往客户及营销团队的充分认可及赞赏，朴实的材质、天然的肌理，让客户有如置身大自然的悠闲氛围。

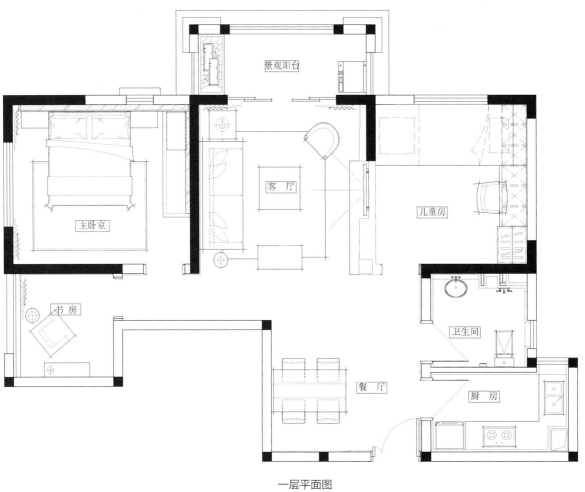

景观阳台

主卧室

客 厅

儿童房

书 房

卫生间

餐 厅

厨 房

一层平面图

水色沙龙
AQUA SALON

项目名称 _水色沙龙 / 主案设计 _江欣宜 / 参与设计 _吴信池、卢佳琪 / 项目地点 _台湾台北 / 项目面积 _130平方米 / 投资金额 _90万元 / 主要材料 _木皮、订制家具、壁纸、明镜、喷砂玻璃、订制中岛、订制家具、油漆、时尚造型灯具、雕刻白、茶玻、茶镜、超耐磨木地板、金属烤漆

A 项目定位 Design Proposition
落实艺术生活化、生活艺术化、创造时尚风格、满足社会需求，当代艺术的自由态度，空间中，艺术品必须恰如其分的安排于其中，不管是画作或者是雕塑品与空间结合的氛围绝对能间接影响居住者的生活态度。

B 环境风格 Creativity & Aesthetics
藉由色彩、艺术、陈设装饰创造别具风味的时尚居家会所，当代艺术风格不再只是以利落线条展现，当加入一主要色彩，除了能使空间富有重点，更能透过相似色系的餐具与家具空间呼应，进而展现主人对于布置的用心及好品味，为了打造令业主满意却又没有距离感的时尚宴客空间。

C 空间布局 Space Planning
以艺品结合空间设计，让居家空间幻化精品、时尚的艺廊与招待会所。客厅电视展示着普普教父 Andy Warhol 著名作品 - 玛丽莲梦露。强烈的视觉艺术经由视厅设备的播放，变成一个活动式的视觉画作，艺术本来就没有一定呈现的方式，透过影片播放，既可以点缀空间美感，更能够展现主人对于艺术融入生活自由的洒脱态度。

D 设计选材 Materials & Cost Effectiveness
家具以当代简约线条融入空间，为整体添加时尚简洁氛围，整体设计以白色为基调，将整体气氛营造的轻松自在，而深色系的开放式厨房，则是大家一展厨艺的后台，垂吊式的球形餐厅灯具，将众人瞩目的舞台拉回，从准备到用餐，都仿佛派对中身历其境的浪漫。另外更以深浅色系搭配明亮的蓝点缀其中，跳脱出一般黑与白的寂静，将家的氛围营造得更加活泼亮眼。

E 使用效果 Fidelity to Client
（1）因本案设定为度假使用，居住时间不长，因此在预算上需控制，设计师以家具、厨具与木作三方整合，以最小成本得到最好效益。
（2）因建筑结构并不复杂，全室焦点摆在家具、家饰品与艺术品。

一层平面图

本质
INNER PEACE

项目名称 _ 本质 / 主案设计 _ 林政纬 / 参与设计 _ 张桦萍 / 项目地点 _ 台湾省台北市 / 项目面积 _ 109 平方米 / 投资金额 _ 100 万元 / 主要材料 _ 梧桐木、清水模、不锈钢材质

A 项目定位 Design Proposition

因应客制化豪宅，我们保有当时工程留下笔画、触感的 RC 天花板，刻意减少多余的板材，以往完全包覆的天花板其实只是为了包住不好看的管线，为了裸露的天花板，我们必须考虑到管线、冷气、梁柱、照明等等的需求，而天花板串联全开放式的客餐厅平面，让屋主可自由选择餐厅的区域。

B 环境风格 Creativity & Aesthetics

建筑物"馀白"的概念，建筑师留下一定比例的白，让未来的主人填充，产生丰富的话语及可能性。这次我们大量保留建筑体的原貌，利用材质的纯粹来精准介入空间，改由生活记忆单品来丰富生活印象，于是乎我们才能在 Inner Peace 中找到热闹里的安静，在安静里热闹生活。

C 空间布局 Space Planning

玻璃是最纯粹的完成面，与木门交错使用 为了串联每个空间的连贯性，玻璃扮演重要角色，将原来的四房改为二加一格局，大量使用玻璃来引光、间接穿透，客房悬浮的柜体再次引光，于上于下都可看见穿梭的人影、时光的轨迹，卷帘的收放，让不常使用的客房依然保有隐秘性。

D 设计选材 Materials & Cost Effectiveness

回归根本，便能让空间简单却拥有许多可能性 我们大胆地漆上深浅交错的灰色基调，梧桐木只需基础处理，保留天花板的清水膜本质、主墙面的不锈钢面材映射，生活单品错落摆放，随性凌乱中保有生活的秩序感，无一处不展现跳跃性的思考与生活的印象，于是宁静中拥有热闹，在热闹中找到生活的平和。

E 使用效果 Fidelity to Client

相较于其他同坪数之案例，我们试图创造使空间感更为宽广的效果。

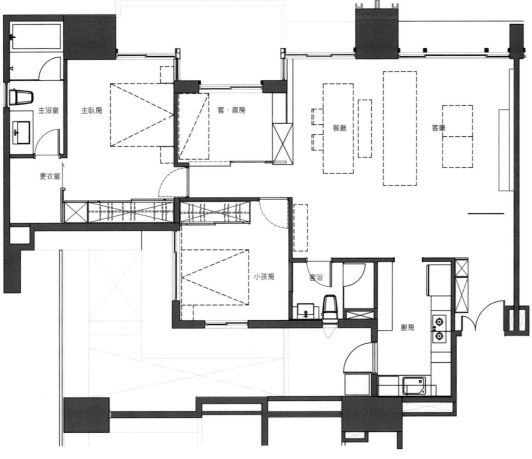

一层平面图

东莞市光大天骄御峰花园
3#B户型样板房
DONGGUAN EVERBRIGHT GARDEN
TIANJIAO ROYAL PEAK # 3 B MODEL
EXAMPLE ROOM

项目名称_ 东莞市光大天骄御峰花园3#B户型样板房 / **主案设计**_ 李坚明 / **项目地点**_ 广东省东莞市 / **项目面积**_163 平方米 / **投资金额**_32.6 万元 / **主要材料**_ 皮革硬包、金铜、布艺

A 项目定位 Design Proposition

天骄御峰位于黄旗山片区，拥有丰富的自然生态资源，项目利用自身的资源，强调以人为本，强化"生态"概念，同时此项目地属东莞CBD中心地段，又临黄旗山东莞龙脉，闹中取静，是城市中央稀缺的生态宝地，正统东莞富人宜居之地。

B 环境风格 Creativity & Aesthetics

设计风格为时下流行的现代中式风格，体现居住者的艺术修养及文化底蕴。

C 空间布局 Space Planning

玄关墙上的金属马赛克和家具的搭配，客厅背景以深色皮革配以竹子装饰件及红色的中国红花瓶，把现代中式的独特风格表现的淋漓尽致，表达居住者内涵、品位。书房的文房四宝，散发出文化底蕴的气息。儿童房以吉他为主题，从小培养艺术细胞。

D 设计选材 Materials & Cost Effectiveness

运用传统文化和艺术内涵或对传统的元素作适当的简化与调整，金属马赛克、大理石及硬包组成的材料，家具颜色沉敛深厚、文化品位浓郁结合中式的元素的画。营造出现代中式的别具一格。

E 使用效果 Fidelity to Client

富有艺术内涵，反映的其实是一种生活方式，是对生活的一种态度。也再次得到客户的高度评价及肯定。

一层平面图

成都中国会馆小院
CHENGDU CHINA HALL COURTYARD

项目名称 _成都中国会馆小院 / 主案设计 _周勇 / 项目地点 _四川 成都市 / 项目面积 _210 平方米 / 投资金额 _126 万元 / 主要材料 _科勒、博洛尼

A 项目定位 Design Proposition
项目以 160 平方米、180 平方米和 200 平方米等小面积别墅户型，合围成一个大院，院内共享大尺度中庭，形成"坊"的建筑布局。

B 环境风格 Creativity & Aesthetics
从门、窗、瓦、到屋脊、台阶无不体现着中国会馆之用心。入户门为纯精铜铸造，特别用腐蚀纯手工打磨工艺，较之普通大门更显浑厚，更耐岁月风雨。作为中式建筑最富特色的悬三式斜屋顶设计，中国会馆在此基础上进行提炼改良，剔除多余的形式和繁琐的装饰，保留传统中式建筑的精髓与意念，屋瓦全面应用现代复合金属，较之普通材料在防水性与耐久性、保温隔热等性能上有更突出的表现，同时又充分保留中国建筑青瓦的形制色彩，轻盈飘逸，可谓集萃古今。屋顶采用双曲线设计，由上到下呈现两个曲面，顺着空间既有的气息，将中式庭院特有的情韵质感释放出来。针对院墙、台阶、外墙、地砖等建筑构件，特别采用赭石、条石、仿火山石、汉白玉等诸多石材进行应用，凸显中式庭院特有的浑厚质朴的神韵。传统四合院的空间构架、平面布局有着完美的结合，既保有四合院良好的私密性，又兼有后现代建筑的通透视线。

C 空间布局 Space Planning
中国会馆的空间构成特点：由七户小别墅围合成一个中式的大院子。形成一个各户家庭能共享的超级前院，利用合理的建筑摆放，让每户拥有一定的私家庭院空间。小院：从院门进入前院，先看到的是入口门厅，左侧是狭长的景观走道通向后院。二层为次卧，合理布置下突出实用功能。我们将三层的主卧室、卫生间和衣帽间打通，变成一间通透的大空间，以弥补房间分割多而过小的问题。采用装饰及材料的简繁对比的手法，表达一种原始、自然的中式禅意空间。

D 设计选材 Materials & Cost Effectiveness
原木、天然火山石、桑油绸、壁画绢、白木纹石、硅藻泥、科勒洁具。

E 使用效果 Fidelity to Client
中国会馆"锦瑟坊"推出后，受到许多购房者的欢迎。

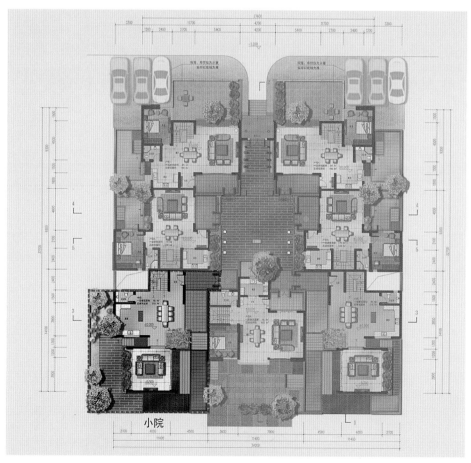

小院

一层平面图

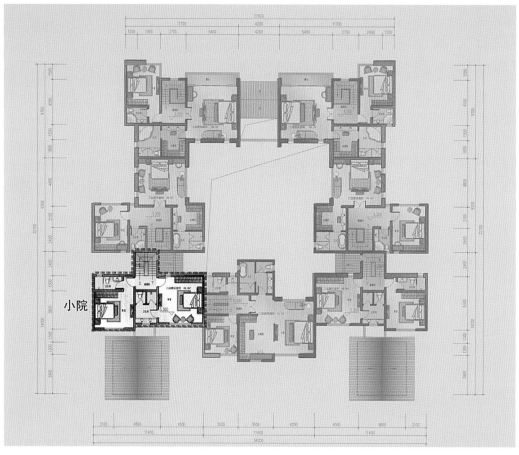

小院

二层平面图

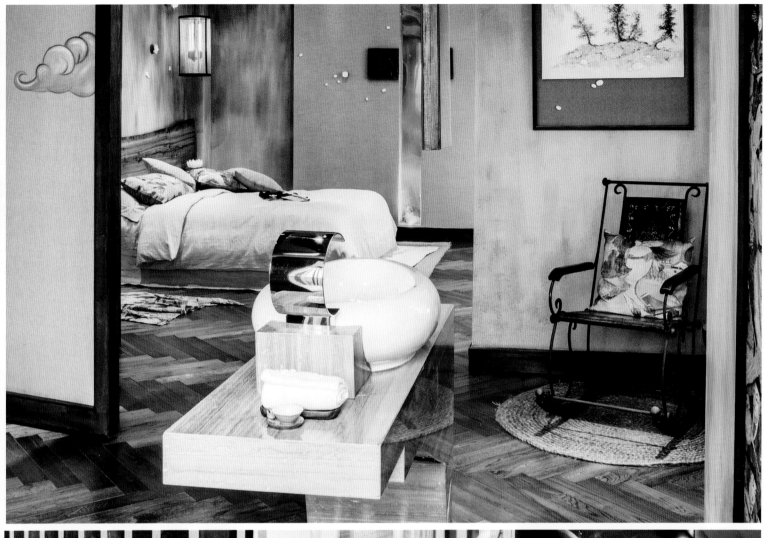

联聚怡和
与木为亲，简单大用
AFFINITY TO WOOD, SIMPLE BUT GRAND

项目名称 _ 联聚怡和 - 与木为亲，简单大用 / 主案设计 _ 张清平 / 参与设计 _ 胡明杰、蔡骏昌 / 项目地点 _ 台湾省台中市 / 项目面积 _198 平方米 / 投资金额 _180 万元 / 主要材料 _ 珪藻土、砂岩、实木

A 项目定位 Design Proposition
本案的空间，主轴不在彰显特定的风格，纯粹，是为了生活而存在。设计，以简驭繁，是一种细致化更为内敛的态度。剥除扰嚷的细节、保留实在的精粹，收放之间更见挥洒，取舍之间表现真挚。

B 环境风格 Creativity & Aesthetics
简单实在的精粹元素最让人安心，呈现无压的清爽放松。素朴的原木不只易亲，经设计更显开放与通透，就是美学、就是大用。

C 空间布局 Space Planning
内外有别的空间机能安排，贴合业主的生活习惯。推拉式格栅与开放式内部格局，是充分理解业主渴望拥有清静温暖的退休生活后的细腻安排。

D 设计选材 Materials & Cost Effectiveness
大量使用质感亲切的原木与石材，利用自然线条纹理，整合空间里的气流、视觉及动线，原木及粗面石材释放出的亲切质感，剔除纷扰让家温暖而安静。

E 使用效果 Fidelity to Client
很好。

一层平面图

宁波格兰晴天
H 户型样板间设计
NINGBO GRAND SUNNY APARTMENT
LAYOUT DESIGN OF H MODEL

项目名称 _ 宁波格兰晴天 H 户型样板间设计 / 主案设计 _ 张波 / 项目地点 _ 浙江省宁波市 / 项目面积 _126 平方米 / 投资金额 _140 万元

A 项目定位 Design Proposition

本次设计的风格为现代禅意，主色调为暖色系。

禅，是一种心境。嵌入山水，融入自然，觅一份超脱都市的性情。禅，是一种回归。让干涸之心，重获生机；让疲惫之身，遁入自然之境。禅，是一种追求。避开喧嚣，独居一隅，心游万仞，目极八方。禅，是一种信念。它引导着你寻找生活真谛，并转化成生活中的智慧。

B 环境风格 Creativity & Aesthetics

本次设计是围绕着"简练、安逸、自然"这一主题展开的，具有精致，温暖的独特气质，没有繁复的细节，没有奢华的格调。

C 空间布局 Space Planning

整个空间运用极简的线条与淡雅的纯色相搭配，创造出舒适而不失文化底蕴的家居氛围。更能体现出主人的生活品质。

D 设计选材 Materials & Cost Effectiveness

主体家具的形式 都统一采用桦木实木框架，橡木染色木贴皮。软包面料多米白色亚麻布、深米灰亚麻布、丝绸质感中国蓝等，色调采用比较素雅的米白、灰绿、灰蓝、浅咖等纯色的块面。用色虽然不多，但却非常讲究，这些来自大自然中的颜色，在表现含蓄的同时，也带来视觉上的一抹清新。灯具都为水晶灯或工艺吊灯。装饰画采用映像派风格手绘工笔画或是现代水墨画，更突出整个设计空间的"禅意"感。

E 使用效果 Fidelity to Client

回归自然，与室外环境更好的结合在一起，更高的感受自然风味，品味中国传统。

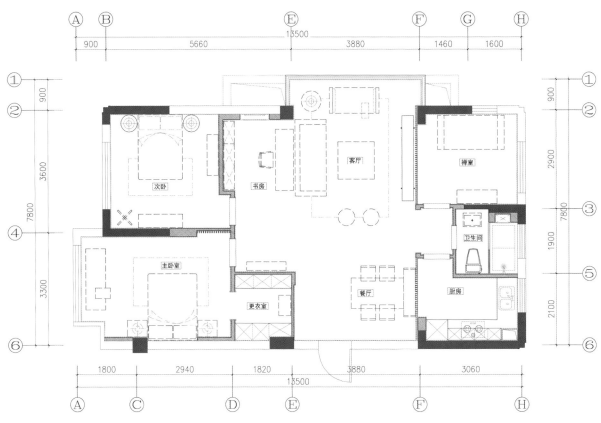

一层平面图

无锡拈花湾禅意小镇售楼处
THE INTERIOR DESIGN OF WUXI NIANHUA ZEN TOWN - SALES CENTER

项目名称 _ 无锡拈花湾禅意小镇 - 售楼中心室内设计 / 主案设计 _ 陆嵘 / 参与设计 _ 苗勋、李怡、李晔 / 项目地点 _ 无锡 / 项目面积 _ 约 2200 平方米

A 项目定位 Design Proposition

灵山小镇·拈花湾，置身无锡马山太湖国家旅游度假区之中，面朝烟波浩渺的万顷太湖，背靠佛教文化胜地灵山。不但坐拥绝美的湖光山色，更是深深浸染灵山胜境的佛教文化。

B 环境风格 Creativity & Aesthetics

售楼中心的室内设计运用了竹、木、水、石这些最简单的材料。竹之气节，水之灵动，木之温润，石之坚毅，少了刀劈斧凿的痕迹，却自有其古朴与天然的味道，旨在为来到这里的人们营造轻松从容，潇洒写意的禅意氛围。

C 空间布局 Space Planning

入口处主题艺术装置为整个售楼中心的精神堡垒，天然竹节通过透明鱼线串联组合成了一个方圆，透过中心孔洞看到后方用天然树叶拼贴而成的气势磅礴的巨型山水画。底下薄薄一汪涌泉缓缓流动，一阵清风拂过，水波浮动带着连接天地的管竹相互共鸣，在这静谧的空气中，仿佛就置身于那山、那水、那片竹林中，"禅"便是在此了。

D 设计选材 Materials & Cost Effectiveness

步入二层，眼前灰白砂石铺设的枯山水上布满了大小各异的鹅卵石，踩在脚下才知道那厚实柔软的的触感原来是地毯，走几步还能感受到水波凹凸起伏的层层纹理。随意靠在仿真鹅卵石沙发上，这种视觉和触觉的冲撞感十分有趣。最末端的小竹亭掩映在一层从天而下的半透明纱幔里，我们为它取了一个直白的名字——发呆亭。顾名思义，在这里唯一需要做的事就是发呆而已，偶尔发发呆放放空、远离都市尘嚣和烦忧，也正应和了拈花湾禅意小镇想要为人们打造的一片净土的初衷。

E 使用效果 Fidelity to Client

拈花湾售楼中心不同于一般城市里常见的销售空间，感受不到丝毫的商业气息。

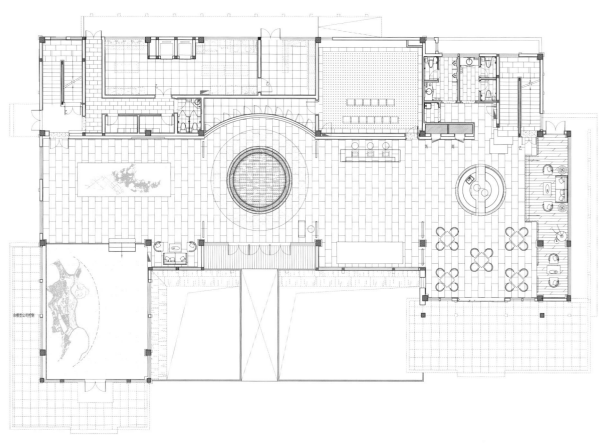

一层平面图

中山远洋 A12 区样板房
ZHONGSHAN OCEAN EXAMPLE ROOM A12 AREA

项目名称_中山远洋A12区样板房 / **主案设计**_向凯 / **参与设计**_程伟 / **项目地点**_广东省中山市 / **项目面积**_200平方米 / **投资金额**_200万元 / **主要材料**_丰源石材、圣丽达布艺、多乐士涂料

A 项目定位 Design Proposition

本户型格局大气，采光通透，设计师力求打造大户人家书香气质，体现地域文化中独特的香山文化对中山人思想格局的影响。

B 环境风格 Creativity & Aesthetics

香山文化在地缘上是指包括今天的中山、珠海、澳门在内的地域文化。它在本质上集中体现了岭南文化中粤、闽、客三大民系的文化特征，是中原文化、土著文化、西洋文化、南洋文化相互碰撞和不断融合的产物，是相对岭南文化而言的子文化，是岭南文化的重要组成部分。

C 空间布局 Space Planning

客厅与餐厅南北通透，玄关与走廊的垂直设置，感受厅廊厢房的气派布局，充分感受到新时期中山人精神"博爱、创新、包容、和谐"，凝练了香山人文历史丰厚底蕴和建设现代文明不懈追求的双重意念，是香山文化的一种现代诠释。

D 设计选材 Materials & Cost Effectiveness

雅致的灰白色云石给空间润色打底，蓝色绸质软包、钛金线条修饰、素雅壁纸、简欧线条圆边……一幅动人的香山居家写意画卷生动呈现。

E 使用效果 Fidelity to Client

大户概念，在中山区域意义非常，冠以香山概念更是令市场出其不意，加上设计师对工艺的严格要求，最终呈现让客户倍感亲切。